Eric Ternon

Une nouvelle hypothèse d'irréversibilité

Eric Ternon

Une nouvelle hypothèse d'irréversibilité

Origine microscopique des propriétés dissipatives et plus généralement, de la complexité

Presses Académiques Francophones

Impressum / Mentions légales
Bibliografische Information der Deutschen Nationalbibliothek: Die Deutsche Nationalbibliothek verzeichnet diese Publikation in der Deutschen Nationalbibliografie; detaillierte bibliografische Daten sind im Internet über http://dnb.d-nb.de abrufbar.

Information bibliographique publiée par la Deutsche Nationalbibliothek: La Deutsche Nationalbibliothek inscrit cette publication à la Deutsche Nationalbibliografie; des données bibliographiques détaillées sont disponibles sur internet à l'adresse http://dnb.d-nb.de.

Coverbild / Photo de couverture: www.ingimage.com

Verlag / Editeur:
Presses Académiques Francophones
ist ein Imprint der / est une marque déposée de
AV Akademikerverlag GmbH & Co. KG
Heinrich-Böcking-Str. 6-8, 66121 Saarbrücken, Deutschland / Allemagne
Email: info@presses-academiques.com

Herstellung: siehe letzte Seite /
Impression: voir la dernière page
ISBN: 978-3-8381-8859-1

Eric TERNON

UNE NOUVELLE HYPOTHESE D'IRREVERSIBILITE

Origine microscopique des propriétés dissipatives et plus généralement, de la complexité.

ISBN: 978-3-8381-8859-1

Remerciements. Tous mes remerciements vont à l'équipe du Laboratoire de Physique Générale du CN. Arts&Métiers de Paris de 1977 et plus particulièrement au Professeur Jean SALMON et à Jean-Jacques FREY qui m'ont donné la matière de ce travail ainsi qu'au Professeur Jean-Loup DELCROIX qui a accepté la présidence du Jury de thèse et à ses Membres, Messieurs POMEAU, LEVESQUE et FREY pour leurs remarques et conseils.
Mes remerciements vont aussi à Monsieur LAIGLE qui a contribué à la vérification des calculs scientifiques et informatiques ; il l'a faite avec beaucoup d'adresse et de talent.

Cet ouvrage résulte donc d'un travail de doctorat présenté à l'Université de PARIS-SUD, Centre d'Orsay le 25 septembre 1980, sous le numéro d'ordre : 438, pour obtenir le titre de Docteur-Ingénieur en Physique des Gaz et des Plasmas, intitulé :
« Viscosité d'un gaz neutre à pression atmosphérique, dense et liquide déterminée à l'aide de l'équation cinétique F.S. et une nouvelle hypothèse d'irréversibilité ».

Le même jour, le Jury a donné à Eric TERNON, le permis d'imprimer.

Les travaux relatifs à la présente thèse ont été effectués au Conservatoire National des Arts&Métiers de Paris au Laboratoire de Physique Générale, 292, rue Saint Martin 75141 PARIS CEDEX 3. Tel : 01 40 27 23 30.

A mes enfants, Olivier disparu et Céline.

PREFACE

Les propriétés dissipatives sont à l'origine de l'émergence spontanée et dynamique de structures spatiales, de structures spatio-temporelles ou encore de rythmes en raison d'un apport extérieur d'énergie et/ou des interactions entre les éléments du système considéré ; ils conduisent aussi généralement à leur auto-organisation.
De nombreux exemples en biologie moléculaire permettent de confirmer le principe comme par exemple, le processus de formation des fuseaux mitotiques lors de la division des cellules, une des structures cellulaires parmi les plus dynamiques ou encore au cours du fonctionnement des réseaux métaboliques ou des processus de différenciation cellulaire, de l'homéostasie, de l'établissement de la polarisation cellulaire, ... D'une manière générale, une partie de l'énergie absorbée par les organismes vivants sert ainsi à maintenir leur organisation dynamique.
Ces structures sont hors-équilibre, en raison de leur besoin de flux de matière et d'énergie pour alimenter cette dynamique.

Les travaux d'Ilya PRIGOGINE sur les structures dissipatives qui sont des structures stationnaires hors-équilibre où la dissipation d'énergie entretient une organisation, restent l'une des premières explications cohérentes de ces processus.

En quelque sorte, cette auto-organisation laisse apparaître des phénomènes collectifs dans un ensemble d'éléments en interaction, sans préparation initiale et sans conditions extérieures prédéfinies modifiant la dynamique individuelle comme l'explique Eric TERNON. Cette diminution de l'entropie en l'absence de violation du second principe de la thermodynamique mais en présence d'un système ouvert, se fait aux dépens d'une consommation d'énergie. Dans les organismes vivants, une partie de l'énergie absorbée sert ainsi à maintenir leur organisation dynamique.

Les enjeux des propriétés dissipatives en biologie semblent s'immiscer dans de nombreux domaines; cette notion doit ainsi être coordonnée avec celles de signal et de programme génétique, également évoquées pour expliquer ces phénomènes.
Ces propriétés donnent accès à des formes stables et reproductibles en découlant d'un équilibre dynamique donné, mettant en jeu des règles locales et stochastiques. Une composante stochastique a d'ailleurs déjà été identifiée dans les processus de sénescence d'un organisme comme le nématode *Caenorhabditis elegans* ; elle permet peut-être d'envisager des réseaux génétiques mis en jeu avec des systèmes simultanés de fonctionnement locaux mais également plus larges.

Il s'agit d'un phénomène essentiellement collectif : les propriétés globales ne peuvent se réduire à celles d'un ou plusieurs éléments isolés, d'émergence et de complexité.

Dans ce travail, Eric TERNON montre sans qu'il soit possible d'en douter qu'à partir d'une équation d'évolution dérivée du système BBGKY et cette hypothèse d'irréversibilité fondée sur la dissipation des interactions interparticulaires qu'il est possible d'expliquer le processus qui se construit au travers de l'évolution des vitesses et des forces à longue portée qui se créent.

Cette approche devrait nous apporter un modèle enfin pertinent pour les travaux que nous réalisons par exemple sur le nématode *Caenorhabditis elegans*. Cet organisme est composé de seulement 959 cellules identifiées. Il est déjà possible de doubler sa durée de vie en agissant sur des réseaux génétiques complexes. Le fonctionnement de ces réseaux, qui commence à être connu, peut produire des effets locaux mais également pléiotropes. Le fonctionnement en commun des cellules d'un organisme aussi simple est une très bonne opportunité pour tenter d'expliquer pourquoi seulement 7 cellules sur les 959 arrivent à initier les changements globaux et profonds de cet organisme et qui vont progressivement l'amener à vieillir et mourir.

Il reste aussi à savoir comment ces flux de matière et d'énergie indispensables à la survie de ces structures, sont gérés par ces entités générées par ces processus dissipatifs :
la capacité de certains organismes à maintenir leur intégrité au travers d'une gestion optimale de ces flux peut offrir des stratégies pouvant les amener à vivre au-delà de 400 ans comme dans le cas du coquillage Arctia islandica !! Un exemple parmi d'autres sur le caractère très élastique de la longévité que l'on peut observer chez les espèces vivantes !

Dr. Simon GALAS, Ph.D.
Professeur,
Université de Montpellier 1
Faculté de Pharmacie
LMD-INGENIERIE DE LA SANTE

AVANT-PROPOS

A partir des années 76, mes débuts en physique théorique m'avaient conduit à découvrir les travaux d'Ilya PRIGOGINE, suite à une publication* dans laquelle il mettait en cause les applications de la thermodynamique limitées aux états d'équilibre en méconnaissance des structures dissipatives.
L'approche était séduisante car elle ouvrait la porte sur de nombreuses recherches dans des domaines divers et variés.
Ilya PRIGOGINE expliquait encore *« J'ai toujours été convaincu qu'approfondir l'origine microscopique des propriétés dissipatives et plus généralement, de la complexité, était l'un des problèmes conceptuels les plus fascinants de la science contemporaine ».*
Dans le Laboratoire de Physique du CN. Arts&Métiers de Paris, dirigé à l'époque par le Professeur Jean SALMON qui avait eu au préalable, la charge des calculs de la bombe Française en vue d'en optimiser le rendement, les chercheurs travaillaient sur l'équation d'évolution qu'il avait développée avec Jean-Jacques FREY**, Physicien au CEA. A mon sens, tous les deux avaient parfaitement bien compris les limites de la physique existante sans toutefois mesurer le fait que leur équation permettait d'appréhender d'une part, les effets dissipatifs microscopiques et d'autre part, de justifier les forces à plus longue portée qui intervenaient dans le calcul du temps de relaxation de la fonction de corrélation double des particules d'un gaz. Elle devrait se substituer à la remarquable équation cinétique de L. BOLTZMANN qui reste toutefois, incontestablement, une bonne approximation de la réalité physique.

Lorsque les PAF m'ont proposé de publier le travail que j'avais réalisé à la fin des années 70, j'ai eu quelques hésitations mais mes activités depuis quelques années sur le vieillissement, notamment cellulaire, m'ont incité à revoir ma position.

En effet, la génétique et la biologie moléculaire connaissent un essor formidable et de nombreux travaux laissent entrevoir qu'il sera possible de régénérer par exemple, des cellules spécialisées de la peau de centenaires en cellules souches pluripotentes voire embryonnaires par la modification de certains facteurs de transcription, principalement. C'est la récente prouesse réalisée par Jean-Marc LEMAÎTRE et son équipe à l'Institut de Génétique Fonctionnelle de Montpellier.
Bien-sûr, l'idée qui est apparue immédiatement à son auteur, concerne le processus de division cellulaire qui pouvait être, de fait, le siège d'une «pseudo-réversibilité» constituant

* Entropie, fluctuations et dynamique par Ilya PRIGOGINE, Prix Nobel de Chimie 1977, Sciences et Techniques n°47 – janvier 1978.
** Thèse d'Etat, ETABLISSEMENT D'UNE NOUVELLE EQUATION CINETIQUE - APPLICATION A LA DETERMINATION DES COEFFICIENTS DE VISCOSITE, soutenue le 7 février 1970 à la faculté des sciences de l'Université de PARIS.

évidemment une quête progressive vers l'immortalité dans les systèmes vivants, sans toutefois, pouvoir l'atteindre.

Il apparaît certes, comme un objectif prématuré dans l'état de nos connaissances mais tout à fait envisageable à terme tant sur le plan de la thermodynamique des structures dissipatives, de la théorie de l'information que de l'hypothèse de ce travail.
Par ailleurs, il est difficile de ne pas parler des travaux en mathématiques de Cédric VILLANI sur l'équation de L. BOLTZMANN et en hydrodynamique, qui viennent d'être récompensés par la médaille FIELDS.
Comme nous l'avons montré, si l'équation cinétique de L. BOLTZMANN reste à partir de son approximation qualitative, un excellent modèle pédagogique et explicatif, il n'en reste pas moins vrai que les résultats quantitatifs sur le plan de la physique sont d'une "qualité très moyenne" et restent très éloignés de la réalité.

De ce fait, il fallait donner une réalité physique à l'équation développée par Jean SALMON et Jean-Jacques FREY et surtout une explication précise du temps de relaxation des fonctions de distribution simple et double ; elles permettraient d'obtenir dans un champ "classique" (n,T) de la mécanique statistique, un certain nombre de grandeurs thermodynamiques avec précision, pour justifier le bien-fondé de cette équation d'évolution, uniquement à partir de la théorie et sans aucun artifice.

Le problème de la fermeture de l'équation FS dérivée de la hiérarchie BBGKY et en particulier, la détermination du temps de relaxation de la fonction de distribution double comme sa signification physique étaient donc cruciales.
Le réflexe de toute l'équipe du Professeur Jean SALMON et de lui-même était de considérer que ce modèle pouvait être du même type que celui de L.BOLTZMANN, de sphères dures mais avec des potentiels interparticulaires réalistes en n'utilisant que la partie violemment répulsive... mais le calcul donnait bien évidemment une constante pour ce temps de relaxation dans une large gamme de températures pour des gaz dilués... (seule condition de fonctionnement de ce type d'équations pour l'étude des gaz dilués suivant l'approche de BOLTZMANN), résultat qui pouvait paraître logique !

En effet, l'hypothèse de L. BOLTZMANN, (ce dernier ignorant à son époque les formes réelles des potentiels interparticulaires de molécule/atome d'un gaz), est donc fondée sur une approximation qui consiste à considérer les molécules de gaz comme des sphères dures; il est donc "illusoire mais aussi faux" de tenter son utilisation avec un potentiel réaliste.

Toutefois, il faut bien comprendre que les deux équations de L. BOLTZMANN et de FREY-SALMON, avec la solution proposée, n'ont rien à voir ! Elles sont fondées sur deux approches totalement différentes. L'une trouve sa fermeture au premier ordre et l'autre au second ordre.

Elles correspondent donc obligatoirement à deux mécanismes physiques de relaxation différents pour les fonctions de distribution simple et double !
En fait, avec L. BOLTZMANN, on retrouve à partir de la distribution des vitesses des particules, la relation de la cinématique :

$$e = vt ,$$

le libre parcours moyen des particules étant donc égal à la vitesse moyenne des particules par le temps de relaxation de la fonction de distribution simple puisqu'elle s'effectue entre deux collisions de particules, faisant abstraction des causes de la modification du mouvement.
Dans ce travail, la force dérivant du potentiel interparticulaire, conduit à l'équation du mouvement :

$$F = -\frac{\partial \varphi}{\partial x_i} = m\gamma ,$$

la relaxation de la fonction de corrélation double ne pouvant par contre, s'effectuer que durant l'interaction entre deux particules et ne pouvant correspondre qu'à un processus dynamique par une variation de l'accélération de la particule dans le champ de forces.
Le résultat est donc dans le principe « heureux » et non contestable. On retrouve bien les équations de la cinématique et de la dynamique.

En effet, la première serait susceptible de refléter une vision macroscopique pour un calcul "très simplifié" des coefficients de transport de gaz dilués. (Il est vrai qu'elle connaît d'autres applications comme en physique des plasmas avec plus de succès)
De plus, à l'époque, L. BOLTZMANN n'avait pas de moyens de calcul comme ce fut le cas depuis l'avènement de l'informatique. Elle reste donc une bonne approximation pour un gaz parfait. Le Professeur Jean-Loup DELCROIX donne dans un de ses ouvrages, une explication de la fermeture de l'équation au premier ordre et de la relaxation de la fonction de distribution simple comme une inversion de la vitesse susceptible de justifier l'irréversibilité.

Le temps de relaxation de la fonction de distribution simple est donc assimilé au temps entre deux collisions :

$$\left(\frac{\partial f}{\partial t}\right)_{coll} = -\frac{f - f^{(0)}}{\tau(v)}.$$

La seconde évoquée dans la thèse de Jean-Jacques FREY, est donc fondée sur la fermeture de la hiérarchie BBGKY au second ordre.
Par conséquent, les temps de relaxation des fonctions de distribution n'ont rien à voir et n'ont pas la même dimension car ils correspondent à deux processus physiques différents.
Le temps de relaxation dans ce cas obéit à la relation (G est un opérateur, voir explications ci-après) :

$$G_{12}\chi_{123} = \frac{f_1 f_2 \psi_{123} - f_{12}}{\tau}$$

Le premier réflexe avait été d'essayer de rattacher ce temps de relaxation de la fonction de distribution double à une grandeur physique et elle correspond exactement à la décélération de la particule au moment de la collision avec un "potentiel réaliste". Ce qui ne paraît pas anormal sur un plan physique pour expliquer le phénomène dissipatif.

Bien que l'hypothèse soit cohérente, les résultats ont surpris et l'ensemble des calculs ont été refaits avant la présentation de ce travail ; les résultats des coefficients de transport obtenus correspondent avec précision à ceux donnés par les expérimentateurs jusqu'à des pressions de 500 bars et plus.
A cette occasion, j'avais vérifié aussi ceux de CHAPMANN et ENSKOG dans cette gamme de pression qui avaient choisi comme base de calcul l'équation cinétique de L. BOLTZMANN en l'adaptant aux gaz denses mais ces derniers n'obtenaient pas les résultats escomptés.
Naturellement, cette approche ne devrait plus marcher à partir du moment où l'on atteint les états quantiques. Il s'agit de mécanique statistique classique où l'on doit retrouver les mêmes effets que dans la mécanique Newtonnienne.

Le Professeur Henri CARTAN, Mathématicien, m'avait aussi vivement conseillé de travailler sur sa théorie du potentiel.
D'Ilya PRIGOGINE à Henri CARTAN, tout me renvoyait naturellement vers les états microscopiques.

L' interprétation de ces résultats ne paraît pas contestable et ils justifient la notion d'une micro-irréversibilité, comme cela a été expliqué, au moment de l'interaction particulaire ; ce mécanisme se retrouve dans les processus cellulaires.
En fait, il est possible de considérer que la molécule de gaz dispose d'une "certaine plasticité" susceptible de justifier l'irréversibilité physique, non prise en compte dans une mécanique Hamiltonienne !
De plus, on est obligé d'accepter ce principe, à moins de reconnaître un caractère réversible aux processus génétiques précités, en particulier le passage des chromosomes en chromatine. Il faut donc systématiquement savoir ce qui se passe au niveau atomique au moment de l'interaction des molécules !

De ce fait, si les développements de Cédric VILLANI à partir de l'équation de L. BOLTZMANN, ne sont pas contestables sur un plan mathématique, par contre, les hypothèses sur lesquelles il s'appuie, le sont beaucoup plus !

En effet, au regard de toute la communauté scientifique, on se devait de limiter le discours à celui des fondateurs de la mécanique statistique, L. BOLTZMANN et J. W.GIBBS, en particulier, concernant :

- l'irréversibilité et son fondement,
- l'hypothèse du chaos moléculaire selon laquelle les vitesses de deux particules de gaz qui entrent en interaction, sont considérées comme non corrélées et indépendantes de leur position et
- les particules sont estimées comme ponctuelles.

Il n'est pas contestable que l'on ait voulu faire dire à cette équation cinétique beaucoup plus qu'elle ne pouvait apporter sur le plan physique.

Certes, la mécanique statistique a conduit à une nouvelle approche qui a permis d'obtenir de nombreux résultats en physique des gaz et des plasmas en utilisant des modèles physiques préexistants ; elle a aussi établi de nouvelles relations et introduit de nouveaux concepts. Ces nouvelles conceptions que l'on doit à L. BOLTZMANN et J.W. GIBBS se sont révélées être des approches très efficaces et sont appliquées maintenant dans toutes sortes de domaines, parfois, fort éloignés du problème physique initial. Toutefois, ce modèle reste relativement limité aux conditions fixées par L. BOLTZMANN lui-même mais déterminant car il constitue les prémisses de l'appréhension de l'évolution des systèmes physiques.

Par contre, une approche généralisée du système d'équations BBGKY a permis une définition et une description plus précises, par exemple, dans la détermination des coefficients de transport et la justification de l'importance de la physique des processus ;

elle permet aussi de démontrer le mécanisme de l'irréversibilité lié aux interactions des particules que la théorie de L. BOLTZMANN n'a pas résolu.

Mais cette approche généralisée apporte beaucoup plus ; elle permet de comprendre l'importance des liens interparticulaires alors que l'hypothèse du chaos moléculaire implique une perte d'accès à l'information de corrélation.
En effet, la distribution dans l'espace de phase à deux particules choisie pour modéliser l'état du gaz avant une collision néglige ce terme de corrélation. Cette perte d'accès à une partie de l'information (sur l'état microphysique des particules de gaz), serait aussi susceptible de justifier l'irréversibilité de cette évolution.
Les nombreux travaux réalisés montrent qu'en définitive, l'équation d'évolution de L.BOLTZMANN reste un formidable « nid» de recherches en mathématique mais elles ne contribuent malheureusement pas à un apport déterminant pour la compréhension de ces processus physiques dans leur ensemble.

- De toute évidence, la question qui se pose maintenant : l'équation FS associée à cette nouvelle hypothèse d'irréversibilité, donne-t-elle une explication cohérente aux états microscopiques stationnaires hors-équilibre qui tirent leur équilibre dynamique des flux entrants et sortants, en respectant le second principe ? La réponse pourrait être oui !

Cette hypothèse qui a été vérifiée, ouvre le champ à l'explication de la matière animée et aux principes d'auto-organisation d'Ilya PRIGOGINE mais aussi à la logique de la vie artificielle, en donnant une forme de « clef » à la logique du vivant.

Néanmoins, il n'est pas contestable que le développement de la hiérarchie d'équations BBGKY qui conduit à l'équation cinétique FS associé à la proposition de détermination du temps de relaxation de la fonction de corrélation double, découle des premiers travaux de L.BOLTZMANN.
Ce freinage des molécules dans la partie attractive de leurs interactions est susceptible de caractériser les effets dissipatifs de tout système en parfait accord avec le second principe de la thermodynamique mais aussi de donner une explication des hypothèses d'Ilya PRIGOGINE des structures stationnaires hors-équilibre (expérience de BELOUSOV, par exemple), phénomènes microscopiques, observables à dimension macroscopique.

C'est-à-dire des systèmes qui tirent principalement leur équilibre dynamique de flux entrants et sortants(le flux entrant disparaissant le système retournant à l'équilibre).
Pour essayer de comprendre comment s'organise cet équilibre, il apparaît que l'approche microscopique hors-équilibre (collision entre molécules) pour aller vers l'équilibre (relaxation) est un moyen pertinent.

La lecture attentive de différents ouvrages d'Ilya PRIGOGINE « la fin des certitudes » (publié en 1998), « les lois du chaos » (publié en 1997), « structure, stabilité et fluctuations » (publié en 1971) ainsi que la publication précitée, synthèse du livre écrit avec M. GLANDORFF en 1971 laissent apparaître très clairement l'unicité des approches.
Toutefois, il semble que sa pensée sur les structures dissipatives ait évolué et que ce dernier soit passé de la notion de « fluctuations » du nombre de collisions réactives à des « corrélations à longue portée » des molécules qui n'apparaîtraient qu'hors-équilibre.
Cette idée est d'ailleurs reprise dans l'ouvrage de Christian VIDAL, Guy DEWEL et Pierre BORCKMANS « au delà de l'équilibre » chez Hermann.
Toute la thèse d'Ilya PRIGOGINE s'appuie sur les réactions chimiques rencontrées dans les expériences du type de BELOUSOV.
(en résumé, il s'agit d'une combinaison d' éléments chimiques, réaction d'oxydation de l'acide malonique ou propanedioïque par l'ion bromate catalysée par le cérium. La forme réduite de la ferroïne donne la couleur "rouge" et la couleur bleue à sa forme oxydée lors du mélange. Ainsi, il se produit une oscillation et alternativement la solution passe par la couleur rouge puis bleue dans des intervalles qui peuvent varier en fonction de la nature du mélange. Lorsque l'oxygène de la solution a été entièrement consommé, l'oscillation s'arrête.)

Alors comment expliquer le changement de couleur de l'ensemble de la solution de BELOUSOV ? Ilya PRIGOGINE l'explique par un approfondissement de *l'origine microscopique des propriétés dissipatives.* C'est aussi l'explication qu'il a été possible de donner avec l'approche FS-T.

Dans la dernière logique précitée d'Ilya PRIGOGINE comme dans celle de FS-T, il ne s'agit que de processus microscopiques. Quand l'entropie du gaz diminue résultant de forces extérieures(variation de n, T), il se forme des corrélations à plus longue portée que l'on retrouve dans le potentiel qui dérive de la force moyenne* et peut s' étendre sur des distances importantes au regard du diamètre moléculaire. Elle résulte principalement de l'écart à l'équilibre suite aux collisions entre molécules.
Comme chaque molécule suit la même loi, tous les chocs moléculaires se reproduisent de la même manière. De ce fait, ils donnent la même configuration d'évolution des vitesses sur tout l'espace en fonction de { n, T}.
En effet, la zone de freinage lors de l'interaction de deux particules caractérise les effets dissipatifs responsables de l'évolution des vitesses alors que le modèle des sphères dures ne peut que caractériser la configuration du milieu.
Il serait par exemple, intéressant d'éprouver l'approche de ce temps de relaxation de la fonction de corrélation double, par exemple, dans le cas de particules ionisées soumises à

un champ électrique ; le cas des propulseurs ioniques est intéressant dans la mesure où le gaz utilisé est un gaz neutre (xénon) dont on connaît bien les caractéristiques comme l'argon par exemple.

L'affaire n'est guère « plus complexe pour des mélanges » et suit le même principe. Il s'agit seulement de connaître les interactions de ces mélanges.

Par ailleurs, la question se pose : comment peut-on calculer la valeur de coefficients de transport à partir de l'équation de L. BOLTZMANN et le modèle des sphères dures dans la mesure où la vitesse des molécules n'a pas d'influence sur le calcul du temps de relaxation ?

Dans le cas de l'expérience de BELOUSOV, les interactions moléculaires assez complexes qui donnent ces oscillations par oxydation, conduisent à une relaxation particulière et à des effets dissipatifs modulés mais qui sont du même type que ceux décrits dans ce travail par l'interaction de molécules de gaz neutres avant le retour à l'équilibre. L'hypothèse admise serait que l'oxygène pourrait être piégé dans un puits de potentiel par la captation d'un électron pendant un certain temps.
Il y une vingtaine d'expériences du même type que celles de BELOUSOV qui ont été trouvées depuis et qui confortent cette position ; certaines sont assez simples. (Tous les enseignants des lycées en physique « s'amusent » à présenter ces oscillations à leurs élèves, en raison de leur caractère spectaculaire.)

Ilya PRIGOGINE* en donne une explication particulièrement claire dans son livre « La fin des certitudes » chez Plon de 1998. Page 80, il s'appuie sur l'expérience de BELOUSOV pour en conclure :

« elle a été la preuve que la matière loin de l'équilibre acquiert bel et bien de nouvelles propriétés. Des milliards de molécules évoluent ensemble et cette cohérence se manifeste par le changement de couleur de la solution. Cela signifie que des corrélations à longue portée apparaissent dans des conditions de non-équilibre, des corrélations qui n'existent pas à l'équilibre »

En conclusion, il ne me paraît pas contestable que l'approche FS-T contribue à donner une théorie de base aux effets dissipatifs dans les structures « momentanément » stationnaires qui sont hors-équilibre, par une approche microscopique. La théorie FS-T

---

* Liqid states Physics : A Statistical Mechanical Introduction. Clive A.CROXTON (Cambridge Monographs on Physics) Cambridge University Press 1974.

* Ilya PRIGOGINE, avait eu connaissance de mon travail. Il m'avait fait savoir par sa collaboratrice Michèle SANGLIER, qu'il partageait mon hypothèse d'irréversibilité qui rejoignait ses positions et qu' elle était susceptible de pouvoir justifier le principe des propriétés dissipatives.

apporte donc une contribution importante à la description fiable de ces états stationnaires hors-équilibre. Elle exprime le fait que toute structure se construit sur la base des lois suivies par chaque entité élémentaire en fonction des caractéristiques environnementales !

Assez curieusement, les exemples du livre « MORPHOGENESE, l'origine des formes » d'Annick LESNE et Paul BOURGINE montrent ce point commun dans les différentes interventions des co-auteurs.

Il est donc important de savoir si dans différents cas de figures, effectivement le principe de l'équation cinétique FS associée à cette hypothèse d'irréversibilité évoquée dans ce travail, fondée sur un principe de dissipation au moment de la collision moléculaire et sur les forces à plus longue portée générées par un <potentiel interparticulaire moyen> revêt un caractère général.

Dr-Ing. Eric TERNON

Abstract :

Viscosity coefficient of a neutral gas at atmospheric pressure, high pressure, and in the liquid state, with help of the F.S. kinetic equation and a new hypothesis of irreversibility.

Key-words : kinetic F.S. equation, micro-irreversibility closure of B.B.G.K.Y. hierarchy, viscosity.

The calculations of the viscosity coefficient of a gas become very complicated when the density of particles increases.

The efforts of Enskog and Chapmann are pioneering contributions to the study of dense gases. They modified the Boltzmann equation and applied it to a dense gas.

These calculations become very complicated because of the possibility of occurence of more than two particles collisions. But, the hypothesis of the "molecular chaos" cannot always be valid, and the correlations between the particles become more important with increasing density.

Yet, Enskog preferred the rigid spherical model also because, he believed on the basis of analysis of Jeans* that for rigid spherical molecules the assumption of molecular chaos made by Boltzmann remains valid at large densities. Frey and Salmon have developed a method for solving the classical and well-known problem of closure of the B.B.G.K.Y. hierarchy.

The postulate of molecular chaos imposes that between two collisions two particles evolve without correlation, and if the interaction consists only of binary collisions, the postulate of "linear relaxation" imposes a relation of closure and irreversibility.

Now in equilibrium, there exist spatial correlations ψ_{12} between the particles defined by

*Jeans, Dynamical theory of gases 4th Ed. page 54 (1925)

$$f_{12} = f_1^M f_2^{M*} \psi_{12} \quad \text{and} \quad f_{123} = f_1^M f_2^M f_3^M \psi_{123}.$$

It is possible to write f_{12} and f_{123} in the form :

$$f_{12} = f_1 f_2 \psi_{12} + \chi_{12}$$

$$f_{123} = f_1 f_2 f_3 \psi_{123} + \chi_{123}$$

where χ_{12} and χ_{123} are variations corresponding to the variation of the local equilibrium.

With these relations, it is postulated that the approach to equilibrium is described by a relaxation time which is to the order of the collision time of two particles.

$\hat{G}_{12}$ is the collision operator of the second equation of B.B.G.K.Y., the closure relation is written :

$$\hat{G}_{12}\chi_{123} = \frac{f_1 f_2 \psi_{12} - f_{12}}{\tau}$$

The postulate of molecular chaos asserts that the loss of information responsible for the irreversibility takes place between the collisions. The postulate of linear relaxation applied to χ_{123} asserts that a dissipation takes place during the crossing time through the positive zone of the interaction potential.

However, the results of calculations of the viscosity coefficient do not agree with experimental results, and the theory seems to need a coefficient. The relaxation time is smaller than the time of colliding particles (coefficient 8).

The introduction of a micro-irreversibility process in the collision between two particles compatible with the H-theorem, cannot assure the definition of the band of dissipation on the basis of dynamics and statistical models. We need the theory of the intermolecular forces and the electromagnetic theory.

In order to overcome this difficulty, we define by simulation** a relation between the relaxation of the pair distribution function and the collision time of two particles.

---

* f_i^M = velocity distribution function of Maxwell.

**no-markovian.

In this way, we get a band of dissipation in the attractive part of a realistic potential as Lennard-Jones or Hanley-Klein potential. It is the space where the acceleration variations are negative.

The knowledge of this band of dissipation permits to compare the theories of Boltzmann and Frey-Salmon at atmospheric pressure, with the same potential.

The results are in very good agreement with the experiment.

Thus, this new hypothesis seems to be significant in the study of the dense gases and liquids. This theory demonstrates the computation of the relaxation time using only the positive part of the potential is incomplete.

This part of the potential varies very slowly whatever the temperature and density, and gives no important variations of the time τ. It is not realistic.

The introduction of the potential of mean force in the equation for the conservation of energy that permits the calculation of τ with the band of dissipation defined by simulation is also useful.

Yet, these calculations are possible, because the kinetic equation F.S. presents the possibility to carry out the extension of dilute gases to the dense gases with help of the B.B.G.K.Y. hierarchy closure.

But now, it is necessary to attach a great importance to the decay of $\psi_{12}(x,t)$ in the postulate with the variations χ_{12} and χ_{123} not in equilibrium.

The kinetic F.S. equation providing macroscopic quantities, it is possible to solve it by a moments method and obtain equations of fluids mechanics.

Thus, the interparticular pressure tensor can appear.

The kinetic F.S. equation permits with this pressure tensor to calculate two viscosity coefficients, the first kinetic and the second interparticular.

The total viscosity is the sum of the two coefficients.

The second will be egal to zero at atmospheric pressure, but increases greater than the first when the density increases.

The use of the correlation functions (Percus-Yevick, parametric integral equation of Carley, molecular dynamics of Verlet) give good results for the calculations of τ in the study of the argon gas up to the liquid state and permit to obtain the viscosity coefficient.

o o
o

DEFINITIONS ET NOTATIONS

Soit N le nombre de molécules, et $n = \frac{N}{V}$ la densité particulaire (m^{-3}) et ρ en kg m^{-3} ($g.cm^{-3}$). Les molécules sont considérées comme des points matériels, et chaque état est caractérisé par un vecteur position $\vec{x}$ et un vecteur vitesse $\vec{w}$. L'état du système à t est défini par l'ensemble du système :

$$\vec{x}_1, \vec{x}_2, \ldots. \vec{x}_N$$

$$\vec{w}_1, \vec{w}_2, \ldots. \vec{w}_N.$$

Les composantes cartésiennes sont $x_{i,s}$, $w_{i,s}$.
i est l'indice de la composante, s le numéro de la particule.
Sur la particule s s'exerce une force extérieure $\vec{X}_s$ représentée par les composantes $X_{i,s}$; les forces d'interaction à caractère central ont des composantes de la forme :

$$X_{i,st} \; X_{i,su}$$

Elles dérivent d'un potentiel du type φ_{st} :

$$\vec{X}_{st} = \frac{d\varphi_{st}}{dr_{st}} \cdot \frac{\vec{r}_{st}}{r_{st}} \qquad \vec{r}_{st} = \vec{x}_t - \vec{x}_s$$

Les fonctions de distribution simple... d'ordre s sont désignées par :

$$f_1, f_{12}, \ldots. f_{12..s}.$$

La densité particulaire s'écrit :

$$n_1 = \int f_1 \underline{dw}_1$$

le vecteur vitesse moyenne :

$$v_{k,1} = \frac{1}{n_1}\int w_{k,1} f_1 \underline{dw}_1$$

et le vecteur vitesse relative : $\vec{V}_1 = \vec{w}_1 - \vec{v}_1$

Le tenseur de pression cinétique :

$$p_{k\ell,1} = \int m V_{k,1} V_{\ell,1} f_1 \underline{dw}_1$$

Le tenseur de flux d'énergie thermique

$$p_{k\ell r,1} = \int mV_{k,1}V_{\ell,1}V_{r,1}f_1\underline{dw}_1$$

La pression cinétique scalaire

$$p_1 = \frac{1}{3}\sum_{k=1}^{3} p_{kk,1}$$

Le calcul du coefficient de viscosité interparticulaire oblige à connaître le tenseur de pression interparticulaire $\pi_{k\ell,1}$ dont l'expression en milieu homogène est :

$$\pi_{k\ell,1} = -\frac{1}{2}\int X_{k,12}(x_{\ell,2} - x_{\ell,1})n_{12}\underline{dr}$$

n_{12} étant la densité double

$$n_{12} = \int f_{12}\underline{dw}_1\underline{dw}_2 \quad \text{et} \quad \vec{r} = \vec{x}_2 - \vec{x}_1.$$

Les opérateurs utilisés sont dérivés du système B.B.G.K.Y. :

$$\hat{D}_1 = \frac{\partial}{\partial t} + \vec{w}_1.\frac{\partial}{\partial \vec{x}_1} + \frac{\vec{X}_1}{m}.\frac{\partial}{\partial \vec{w}_1}$$

$$\hat{D}_{12} = \frac{\partial}{\partial t} + \vec{w}_1.\frac{\partial}{\partial \vec{x}_1} + \vec{w}_2.\frac{\partial}{\partial \vec{x}_2} + \frac{\vec{X}_1+\vec{X}_{12}}{m}.\frac{\partial}{\partial \vec{w}_1} + \frac{\vec{X}_2+\vec{X}_{21}}{m}.\frac{\partial}{\partial \vec{w}_2}$$

$$\hat{G}_1 f_{12} = -\int\frac{\vec{X}_{12}}{m}.\frac{\partial f_{12}}{\partial \vec{w}_1}\underline{dx}_2\underline{dw}_2$$

$$\hat{G}_{12} f_{123} = -\int\frac{X_{13}}{m}.\frac{\partial f_{123}}{\partial \vec{w}_1}\underline{dx}_3\underline{dw}_3 - \int\frac{\vec{X}_{23}}{m}.\frac{\partial f_{123}}{\partial \vec{w}_2}\underline{dx}_3\underline{dw}_3$$

$\psi(x,t)$ = fonction de corrélation dépendant du temps
$g(x)$ = fonction de distribution radiale
f^M = fonction de distribution maxwellienne
σ = diamètre moléculaire
$\varphi(r)$ = potentiel interparticulaire
T = température
k = constante de Boltzmann
n = densité particulaire, m = masse d'une molécule.

ρ = densité
ε = valeur de l'énergie au fond du puits du potentiel
r_m = abscisse correspondant à ε
b = paramètre d'impact
g = vitesse relative d'une particule fictive
r_t = distance de moindre approche dans une collision
$\{r_{F,\gamma}\}$ = abscisses de la zone de dissipation
r_F correspond à une distance de moindre approche, pour b donné
μ = coefficient de viscosité de glissement (shear)
μ_{int} = coefficient de viscosité interparticulaire
μ_{cin} = coefficient de viscosité cinétique
χ = coefficient de viscosité de dilatation (bulk)
$\Phi(r)$ = potentiel interparticulaire dérivant d'une force moyenne
χ = angle de diffusion

Expressions fonctionnelles :

$\alpha_{12}[\vec{x}_1, \vec{x}_2, \phi]$ = fonction de corrélation totale
$c_{12}[\vec{x}_1, \vec{x}_2, \phi]$ = fonction de corrélation directe
ϕ = champ perturbateur appliqué.

Variables réduites

$v^{*2} = \frac{1}{2}mg^2/\varepsilon$

$b_m^* = b/\sigma$

$x = r/\sigma$

$r_c^* = r_c/\sigma$

$\rho^* = \rho/\varepsilon$

$\Phi^* = \Phi/\varepsilon$

$T^* = kT/\varepsilon$.

o o
o

TABLE DES MATIERES

INTRODUCTION

Le calcul de la viscosité d'un gaz dense devient très vite compliqué. La raison est simple, il y a des possibilités de collisions non seulement entre deux particules mais trois et plus, ainsi que des transferts de "forces vives" à partir d'un centre de masse d'une particule à une autre à travers l'action des forces intermoléculaires.

Les efforts de David Enskog sont les premiers et apportent une contribution importante à l'étude des gaz denses. Il modifie l'équation de Boltzmann et l'applique aux gaz denses pour des molécules de sphères dures uniquement. Ce modèle moléculaire a été étudié du fait que la probabilité, pour de telles molécules, de collisions multiples instantanées est négligeable.

Les efforts de Frey-Salmon se sont orientés vers le procédé désormais classique de la fermeture de la hiérarchie d'équations B.B.G.K.Y.

L'hypothèse F.S. consiste à écrire :

$$\hat{G}_{12}\chi_{123} = \frac{1}{\tau}[f_1 f_2 \psi - f_{12}]$$

τ représente un intervalle de temps de l'ordre de la durée moyenne d'une collision.

Si dans l'évaluation des coefficients de viscosité des gaz à pression atmosphérique, on doit tenir compte seulement de la contribution cinétique des particules, il est nécessaire pour les gaz denses d'ajouter la contribution interparticulaire.

En effet, ces expressions exigent la connaissance de la fonction de corrélation à l'équilibre thermodynamique appelée communément fonction de distribution radiale. Celle-ci a été déterminée par Percus-Yevick. On peut retrouver son résultat plus simplement, en utilisant le développement d'une fonctionnelle en série de Taylor ou par une approche à l'aide de diagrammes ou théorie des graphes.

L'établissement de cette équation n'est pas fait à partir d'approximations à caractère physique bien établi mais à partir de considération analytique. Mais il s'avère que la qualité fondamentale de cette équation est surtout d'ordre euristique.

Toutefois, l'association de ces deux théories (F.S. et P.Y.) pour le calcul a permis la détermination des coefficients de viscosité des gaz denses.

Une première partie est consacrée à la détermination des temps de collision de deux particules non perturbées et dans un second cas en tenant compte de l'environnement, à la détermination d'une fermeture fonctionnelle et aux résultats théoriques du coefficient cinétique de viscosité d'un gaz à pression atmosphérique.

Dans une seconde partie, avec l'équation intégrale de Percus-Yevick ainsi que d'autres fonctions de corrélation, et l'expression de la viscosité interparticulaire on détermine la valeur théorique de ce coefficient pour un gaz dense et un liquide. Les résultats obtenus sont en bon accord avec l'expérience. Leur détermination est faite sans approximation, c'est la conséquence de l'intégration de potentiels réalistes.

Ce travail est à bien des égards déterminant, car il essaie d'enlever tout doute, sur le temps de la relaxation linéaire, et sur la zone de dissipation correspondante. La première conséquence est le calcul des gaz denses avec un modèle rigoureux.

Il peut être appliqué à d'autres cas physiques, par une extension de la fermeture de la hiérarchie aux milieux faiblement ou complètement ionisés, par exemple*. Cependant, la détermination des coefficients de viscosité des liquides en théorie statistique classique conduit à des calculs de plus en plus longs et inextricables dans l'état actuel des connaissances.

---

*Interaction entre un électron et une molécule potentiel attractif $\varphi(r) = eV = -\frac{\alpha e^2}{r^2}$; à très courte distance un électron et une molécule interagissent au moyen de forces de nature quantique, mais il est difficile de donner des informations générales.

CHAPITRE I

VISCOSITE DES GAZ DILUES

Un gaz dilué est un gaz dont les propriétés physiques peuvent être entièrement décrites en termes de collisions binaires et sans corrélation entre ses particules. Des collisions à trois corps ou à des ordres plus élevés ne contribuent pas à ses propriétés. Une caractéristique d'un gaz dilué est que la viscosité de cisaillement est indépendante de la densité ou de la pression.

L'équation cinétique F.S. repose sur l'association d'une notion de pseudo-équilibre et d'une notion de temps de relaxation appliquées à la seconde équation de B.B.G.K.Y.. Cette association est expliquée en traduisant la fermeture en termes de fonctionnelles. Ainsi, les mêmes notions appliquées à la première équation B.B.G.K.Y. permettent d'obtenir une équation cinétique qui contient le terme d'interaction de Vlasov et celui de BGK.

L'équation cinétique de Vlasov-BGK est basée sur l'association de deux hypothèses :

- d'une part, la fonction de distribution double f_{12} est proche d'une valeur de pseudo-équilibre* $f_1^M f_2^M \psi_{12}$, ψ_{12} étant la fonction de corrélation à l'équilibre thermodynamique,

- d'autre part, en cas de retour à l'équilibre, l'évolution de la fonction de distribution simple f_1 vers sa forme à l'équilibre thermodynamique f_1^M se fait avec un temps de relaxation τ_1 ; il caractérise l'ordre de grandeur de la durée moyenne qui sépare deux collisions.

Par contre l'équation F.S. est fondée sur deux hypothèses à priori de même nature, mais qui physiquement semblent se traduire d'une manière beaucoup plus réaliste bien que ces hypothèses soient totalement opposées à la théorie de Boltzmann :

---

*Equilibre thermodynamique local.

- La fonction de distribution triple f_{123} est proche d'une valeur de pseudo-équilibre local

$$f_{123} = f_1^M f_2^M f_3^M \psi_{123}$$

ψ_{123} étant la fonction de corrélation

- et l'évolution de la fonction de distribution double f_{12} vers sa forme au pseudo-équilibre local $f_{12} = f_1^M f_2^M \psi_{12}$ se fait avec un temps de relaxation τ de l'ordre de la durée d'une collision violente ($\simeq 10^{-13}$ s).

Ce temps τ peut caractériser le retour du coefficient de corrélation de la fonction de distribution double $c_{12} = \frac{f_{12}}{f_1 f_2}$ à sa forme à l'équilibre ψ_{12} sous l'action des collisions quand disparaissent toutes les causes d'écart à l'équilibre. Cependant, en gaz dense, il n'est pas possible de se limiter à la simple collision de deux particules. Il est nécessaire de tenir compte de la perturbation due à l'environnement qui modifie la collision ; pour un gaz dense, ce temps est de l'ordre de 10^{-14} s, c'est-à-dire dix fois plus faible que la durée d'une collision binaire.

La première partie du chapitre I sera consacrée à l'équation de Boltzmann et aux résultats obtenus avec le potentiel de Hanley-Klein pour la détermination du coefficient de viscosité.

La seconde mettra en évidence l'équation cinétique F.S.. Le postulat de la relaxation linéaire sera traduit en terme de fonctionnelles qui permettront de définir plus précisément quantitativement et qualitativement la valeur de ce temps τ.

La troisième sera le calcul du temps de collision τ de deux particules dans un repère relatif comme si l'environnement n'existait pas ; puis dans un second temps en tenant compte du milieu.

La dernière permettra de montrer qu'en utilisant un potentiel mis au point par Hanley-Klein dans la théorie de Boltzmann, on retrouve avec la théorie F.S. de bons résultats de la viscosité, après avoir défini une zone de dissipation par "simulation".

Les résultats obtenus font l'objet de commentaires, dans un paragraphe appelé "Irreversibilité et entropie".

1. EQUATION DE BOLTZMANN, POTENTIEL DE HANLEY-KLEIN. RESULTATS DE LA VISCOSITE

A. POSTULAT DU CHAOS MOLECULAIRE ET EQUATION DE BOLTZMANN

Ce postulat a déjà un peu plus de cent ans, et il reste cependant encore intéressant non seulement pour ses conséquences heureuses, mais aussi pour les polémiques qu'il entraîne.

Avant même de déterminer l'équation de Boltzmann, il est nécessaire d'exposer l'ensemble des hypothèses qui ont permis de l'obtenir,

1. On considère que le gaz est dilué, c'est-à-dire les forces d'interaction sont intenses vis-à-vis des forces extérieures mais leur portée voisine du diamètre σ des molécules reste faible devant la distance moyenne entre particules $n^{-1/3}$ soit $n\sigma^3 \ll 1$. La fréquence des collisions triples si elles existent dans ce milieu est très faible devant celle des collisions binaires.

2. Durant les collisions binaires, ou durant le passage des particules dans la zone d'interaction, les forces extérieures disparaissent complètement devant les forces d'interaction, et les variations temporelles et spatiales à l'échelle de la durée et de la zone de collision sont négligeables pour la fonction de distribution simple.

Ce qui signifie que les phénomènes d'interaction sont des collisions binaires et brutales ; entre deux collisions les particules ne sont soumises à aucune force et suivent une trajectoire rectiligne.

Ecrivons les deux premières équations de la hiérarchie B.B.G.K.Y. qui utilisent la fonction de distribution simple, double et triple*.

---

*DELCROIX, Physique des Plasmas.

On suppose que la densité est faible vis-à-vis des forces d'interaction si bien que l'on peut négliger les termes d'interaction triple :

$$\frac{\partial f_{12}}{\partial t} + \vec{w}_1 . \frac{\partial f_{12}}{\partial \vec{x}_1} + w_2 . \frac{\partial f_{12}}{\partial \vec{x}_2} + \frac{X_1+X_{12}}{m} \frac{\partial f_{12}}{\partial \vec{w}_1} + \frac{X_2+X_{21}}{m} \frac{\partial f_{12}}{\partial \vec{w}_2} = 0 \tag{I.1}$$

et que les forces sont à courte portée, c'est-à-dire x_{12} inférieur à une certaine valeur R, et négligeables si $x_{12} > R$. R est la portée des forces d'interaction. On peut ainsi réduire le second terme de la première équation :

$$\frac{\partial f_1}{\partial t} + \vec{w}_1 . \frac{\partial f_1}{\partial \vec{x}_1} + \frac{\vec{X}_1}{m} . \frac{\partial f_1}{\partial \vec{w}_1} = - \int \frac{\vec{X}_{12}}{m} \frac{\partial f_{12}}{\partial \vec{w}_1} \underline{dx}_2 \, \underline{dw}_2 \tag{I.2}$$

en limitant le volume d'intégration sur la variable x_2 à une sphère de rayon R centrée sur le point x_1. En changeant de variable $\vec{x} = \vec{x}_2 - \vec{x}_1$ l'équation (I.1) devient

$$\frac{\partial f_{12}}{\partial t} + \vec{w}_1 . \frac{\partial f_{12}}{\partial \vec{x}_1} + (\vec{w}_2 - \vec{w}_1) \frac{\partial f_{12}}{\partial \vec{x}} + \frac{\vec{X}_1+\vec{X}_{12}}{m} . \frac{\partial f_{12}}{\partial \vec{w}_1}$$
$$+ \frac{\vec{X}_2+\vec{X}_{21}}{m} . \frac{\partial f_{12}}{\partial \vec{w}_2} = 0 \tag{I.3}$$

Multipliée par $\underline{dx}$ $\underline{dw}_2$ et intégrée pour x sur le volume de la sphère d'interaction S et pour $\vec{w}_2$ sur tout l'espace des vitesses, le dernier terme donne un résultat nul si la force extérieure $\vec{X}_2$ et la force d'interaction $\vec{X}_{21}$ satisfont la condition

$$\frac{\partial X_i}{\partial w_i} = 0$$

La force extérieure $\vec{X}_1$ est considérée faible à l'intérieur de la sphère d'interaction $\vec{X}_1 << \vec{X}_{12}$. Les variations de f_{12} sont assez lentes et les deux premiers termes sont négligeables devant le troisième, mais dans les conditions suivantes :

$$\left|\frac{\partial f_{12}}{\partial \vec{x}_1}\right| R << f_{12}$$

et
$$\frac{\partial f_{12}}{\partial t} \tau << f_{12}$$

τ représente l'ordre de grandeur et la durée d'une collision binaire 10^{-13} s.

Ainsi les variations spatiales et temporelles de f_{12} doivent être lentes à l'échelle de la portée des forces et de la durée d'une collision.

Le terme d'interaction entre particules s'écrit :

$$B(f_{12}) = \int_S \int_{\vec{w}_2} (\vec{w}_2 - \vec{w}_1) \frac{\partial f_{12}}{\partial \vec{x}} \, \underline{dx} \, dw_2 \qquad (I.4)$$

L'intégrale peut être transformée en une intégrale de surface étendue à la surface Σ de la sphère : (figure ci-dessous).

$$B(f_{12}) = \int_\Sigma \int_{\vec{w}_2} (\vec{w}_2 - \vec{w}_1).\vec{n} f_{12} d\Sigma \, dw_2$$

$\vec{n}$ est le vecteur unitaire porté par la normale sortante à Σ
$\vec{w}_2 - \vec{w}_1$ étant alors constant dans la sphère, celle-ci est partagée en deux demi-sphères par le plan perpendiculairement à $\vec{w}_2 - \vec{w}_1$. Le calcul est séparé en deux, en considérant la zone avant la rencontre et après :

$$B(f_{12}) = \int (S_A + S_B) d\vec{w}_2 = \int_A (\vec{w}_2 - \vec{w}_1).\vec{n} f_{12} d\Sigma + \int_B (\vec{w}_1 - \vec{w}_1).\vec{n} f_{12} d\Sigma \qquad (I.5)$$

L'hypothèse du "chaos moléculaire" permet d'écrire :

$$S_A = \int_A (\vec{w}_2 - \vec{w}_1).\vec{n} f_1 f_2 d\Sigma$$

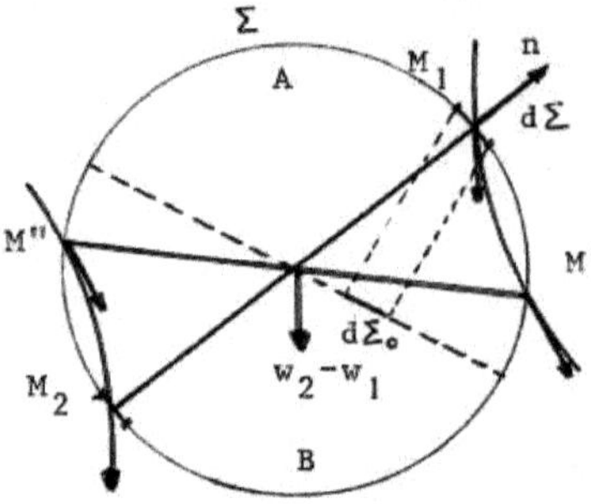

Sphère d'interaction dans la collision

D'après le théorème de conservation de la densité en phase, on peut affirmer que la fonction f_{12} a gardé pour les particules qui sortent sur B la valeur qu'elle avait quand elles ont pénétré dans la sphère S,

$$f_{12} = f''_1 f''_2$$

Les fonctions de distributions simples sont supposées varier peu en fonction de la position à l'échelle de la sphère, car

$$\left|\frac{\partial f_{12}}{\partial \vec{x}_1}\right| R << f_{12} \; . \qquad \text{(I.6)}$$

Ainsi S_B s'écrit :

$$S_B = \int_A - (\vec{w}_2-\vec{w}_1).\vec{n}f'_1 f'_2 d\Sigma \; .$$

d'où

$$B(f_{12}) = \int_A (f_1 f_2 - f'_1 f'_2)(\vec{w}_2-\vec{w}_1).\vec{n} d\Sigma dw_2 \; .$$

ou encore

$$B(f_{12}) = \int (f'_1 f'_2 - f_1 f_2) g d\Sigma_o dw_2 \; . \qquad \text{(I.7)}$$

$d\Sigma_o$ représente un élément de surface dans le plan perpendiculaire à la vitesse relative $\vec{w}_2-\vec{w}_1 = -g$. $d\Sigma_o$ peut s'écrire en fonction du paramètre d'impact b et ε angle polaire dans le plan perpendiclaire à $\vec{w}_2-\vec{w}_1$:

$$d\Sigma_o = b db d\Sigma \; .$$

On obtient finalement la célèbre équation de Boltzmann suivant une méthode dont l'idée revient à Yvon :

$$\frac{\partial f_1}{\partial t} + \vec{w}_1 . \frac{\partial f_1}{\partial \vec{x}_1} + \frac{\vec{X}_1}{m} \frac{\partial f_1}{\partial \vec{w}_1} = \int (f_1' f_2' - f_1 f_2) g b db d\Sigma dw_2 . \quad (I.8)$$

Dans ce cas l'irréversibilité n'est pas due à la non linéarité de l'équation de Boltzmann, mais à sa structure. On peut prendre comme exemple la première équation de la hiérarchie B.B.G.K.Y. et changer ($t \rightarrow -t$, $w \rightarrow -w$). Chaque membre de l'équation changera de signe, mais cette équation B.B.G.K.Y.1 est invariante par rapport à cette transformation.

Pourtant B.B.G.K.Y.1 est non linéaire en f_1 !

Cependant, cette hypothèse du chaos moléculaire a un aspect peu satisfaisant, elle doit être requise à chaque instant.

L'irréversibilité est liée au fait que l'information contenue dans la fonction de distribution f_1 n'est que partielle.

Mais, les difficultés qu'impliquent l'hypothèse du chaos moléculaire sont relatives à son énoncé. En effet, il comporte d'une manière sous-jacente deux propositions, l'une qui serait une véritable hypothèse et l'autre qui ne serait qu'une approximation, valable uniquement dans le cas d'un milieu dilué.

B. EXPRESSION DU COEFFICIENT DE VISCOSITE EN THEORIE DE BOLTZMANN

L'expression du coefficient de viscosité qui peut être obtenu à partir de l'équation cinétique de Boltzmann est une fonction, dans le cas d'un gaz à pression atmosphérique, de la température et du potentiel interparticulaire défini par les valeurs du fond du puits et du diamètre de la sphère moléculaire relative aux gaz.

$$\mu = \frac{5}{16} \frac{(\pi m k T)^{1/2}}{\pi \sigma^2 \Omega^{(2,2)*}} \left[1 + \frac{3}{196} \left(\frac{8\Omega^{(2,3)*}}{\Omega^{(2,2)*}} - 7 \right)^2 \right] \quad (I.9)$$

L'angle de diffusion χ après collision s'écrit en coordonnées réduites :

$$\chi = \pi - 2b^* \int_{x_c}^{\infty} \frac{dx}{x^2} \left[1 - \frac{b_m^{*2}}{x^2} - \frac{\varphi^*(x)}{v^{*2}} \right]^{-1/2} \quad (I.10)$$

v^* est la vitesse relative et x_c étant la plus grande racine du dénominateur.
L'intégration de χ sur toutes les valeurs de b_m^* permet d'obtenir la section efficace :

$$Q^{(\ell)}(v^*) = \frac{2}{\left[1 - \frac{1}{2}\cdot\frac{1+(-1)^\ell}{1+\ell}\right]} \int_0^\infty (1-\cos^\ell\chi)b_m^* db_m^* \qquad (I.11)$$

Finalement l'intégrale de collision s'écrit :

$$\Omega^{(\ell,s)*} = \frac{2}{(s+1)!T^{*(s+2)}} \int_0^\infty Q^{(\ell)}(v^*)v^{*2s+3}.e^{-v^{*2}/T^*} dv^*$$

C. OPTIMISATION DU POTENTIEL HANLEY-KLEIN AVEC LA VISCOSITE DE BOLTZMANN, ET LE SECOND COEFFICIENT DU VIRIEL

Il y a un grand nombre d'expressions théoriques fondamentales qui donnent des propriétés macroscopiques mesurables comme la compressibilité, l'énergie interne..., en termes de potentiels, qui seront testés en les comparant aux grandeurs expérimentales correspondantes. Seulement, pour des raisons physiques (qualités des équations, hypothèse...) on se limite à l'expression du coefficient de viscosité de Boltzmann et au second coefficient du viriel. C'est ce qu'ont fait Hanley et Klein. Une autre raison facilement compréhensible est qu'il est nécessaire de posséder des valeurs suffisamment précises de l'expérience. Or, le second coefficient du viriel et le coefficient de viscosité ont déjà fait l'objet de nombreuses comparaisons entre les expérimentateurs. Hanley et Klein ont donc défini un potentiel avec les relations définies à partir de la mécanique statistique classique. Il est montré que le potentiel de Lennard et Jones est en bon accord avec l'expérience sur un domaine de températures étendu mais pas aux basses températures. Il ne possède en fait que deux paramètres. Sa partie répulsive est définie peu rigoureusement alors que la partie attractive a une certaine rigueur. Le potentiel de Hanley et Klein présente l'intérêt de posséder trois ou quatre paramètres. Une bonne cohésion entre données expérimentales et théoriques est ainsi obtenue sur un large domaine de températures. Son expression est :

$$\varphi(r) = \varepsilon\left[\frac{1}{m-6}(6+2\gamma)\left(\frac{r_m}{r}\right)^m - \frac{1}{m-6}\left[m-\gamma(m-8)\right]\left(\frac{r_m}{r}\right)^6 - \gamma\left(\frac{r_m}{r}\right)^8\right] \quad (I.13)$$

Les valeurs obtenues de m, ε, σ, et γ figurent sur le tableau suivant. Hanley et Klein ont trouvé plusieurs ensembles pour m, γ, et σ qui donnent des valeurs satisfaisantes pour ε/k.

En outre, les valeurs de σ et ε ont été mesurées par diffraction des rayons X* dans l'argon dense par Joseph F.Karniky et al, et donnent ces valeurs avec un écart (ε/k = 146,3±4,9 K et σ = 3,389±0,015 Å).
Ces valeurs sont en bon accord avec les ensembles de H.K. :

1. σ = 3,292 Å, ε/k = 153 K (m = 11, γ = 3)

2. σ = 3,356 Å, ε/k = 137 K (m = 11, γ = 2).

Ces valeurs mises au point avec l'équation de Boltzmann seront utilisées dans l'expression du coefficient de viscosité de la théorie FREY-SALMON dont on rappelle dans la partie suivante les principales étapes.

Ce potentiel de Hanley et Klein sera utilisé pour comparer les deux théories.

Le bon accord entre expérience et théories peut être vérifié sur les figures (5, 6 et 7) et les tableaux (1 à 6). L'ensemble des calculs ont été réalisés par Hanley pour la théorie de Boltzmann ainsi que pour le second coefficient du viriel** dont l'expression est (fig.1 et 2) :

$$B(T) = -2\pi n \int_0^\infty \exp\{-\varphi(r)/kT - 1\} r^2 dr$$

En général, les valeurs de σ et ε utilisées dans les potentiels théoriques sont très proches des valeurs définies à l'aide de l'expérience ; elles sont toutes en ce qui concerne σ, dans un intervalle d'erreurs de 1 à 2 %, l'erreur sur ε est de 3 à 4 %.

---

* The journal of Chemical Physics vol.64 n°11, 1 June 1976

**Mémoire d'ingénieur CNAM 1977 Eric Ternon.

Le tableau ci-dessous permet de se donner une idée de la valeur des paramètres des potentiels obtenus par différentes méthodes*.

Potentiel	Sources	σ(Å)	r_m(Å)	ε/k(K)
BFW	Propriétés des solides et liquides	3.3605	3.7612	142.095
PSL	données des sections efficaces	3.345	3.76	140.76
Maitland et Smith	données spectroscopiques	3.355	3.75	142.5
11-6-8 H.K. γ = 3	second coefficient du Viriel et coefficient de viscosité	3.292	3.669	153
γ = 2		3.356	3.754	137.

<u>Tableau des valeurs utilisées pour σ et ε/k</u>

- Valeurs des paramètres du potentiel Hanley-Klein mises au point avec les propriétés de transport et d'équilibre

gaz	m	γ	σ(Å)	ε/k (K)
Argon	11	3	3.292	153
Krypton	11	3	3.509	216
Xénon	11	3	3.841	295

NBS Technical Note 628
On the utility of the m-6-8 potential function.

- Valeurs des paramètres du potentiel Lennard-Jones

gaz	σ(Å)	ε/k (K)
Argon	3.405	119.7 K
Krypton	3.60	175. K
Xénon	4.	210. K

*Molecular Physics 1972, vol.24 n°1, 11-15.

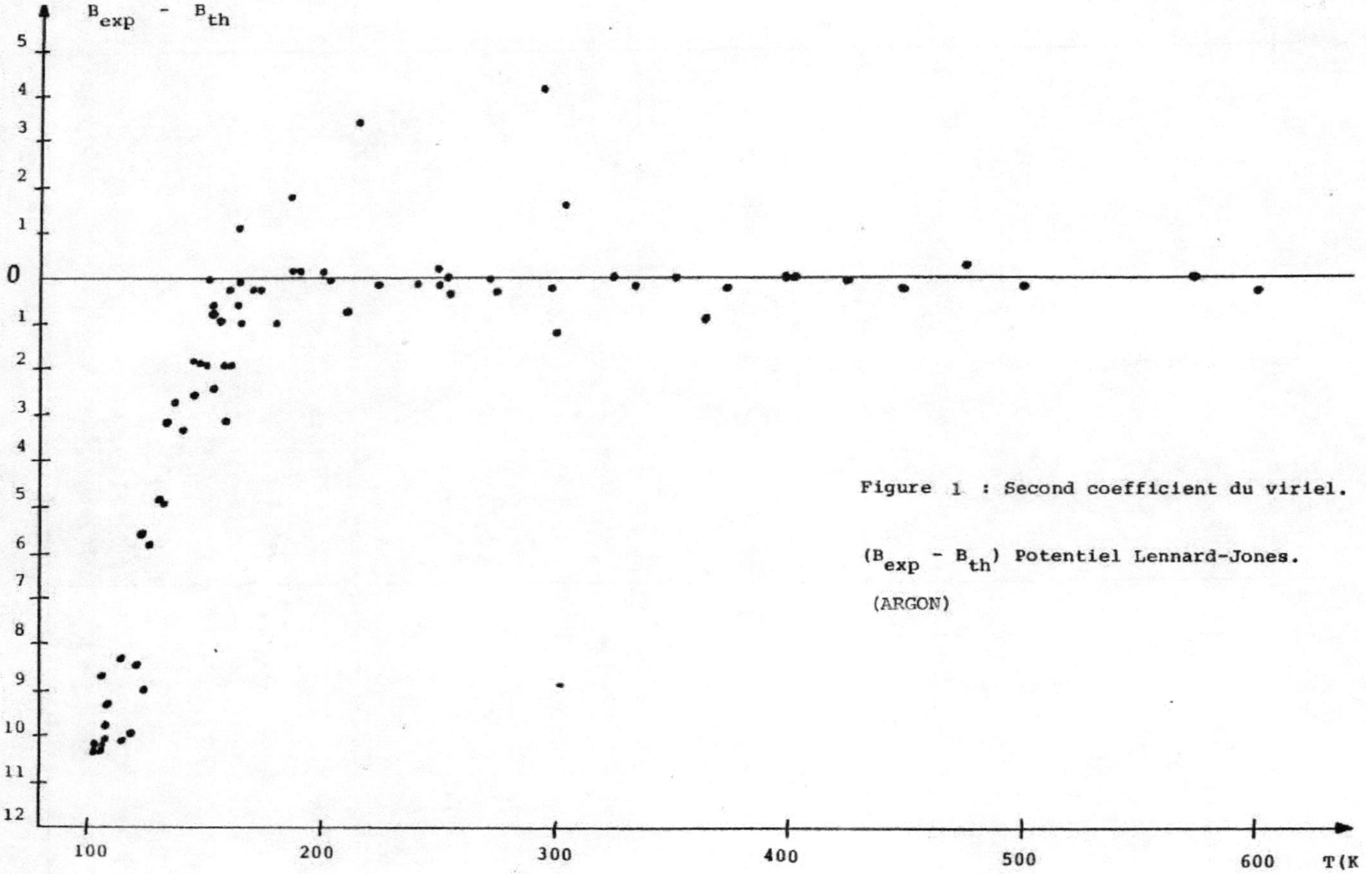

Figure 1 : Second coefficient du viriel.

(B_{exp} - B_{th}) Potentiel Lennard-Jones.

(ARGON)

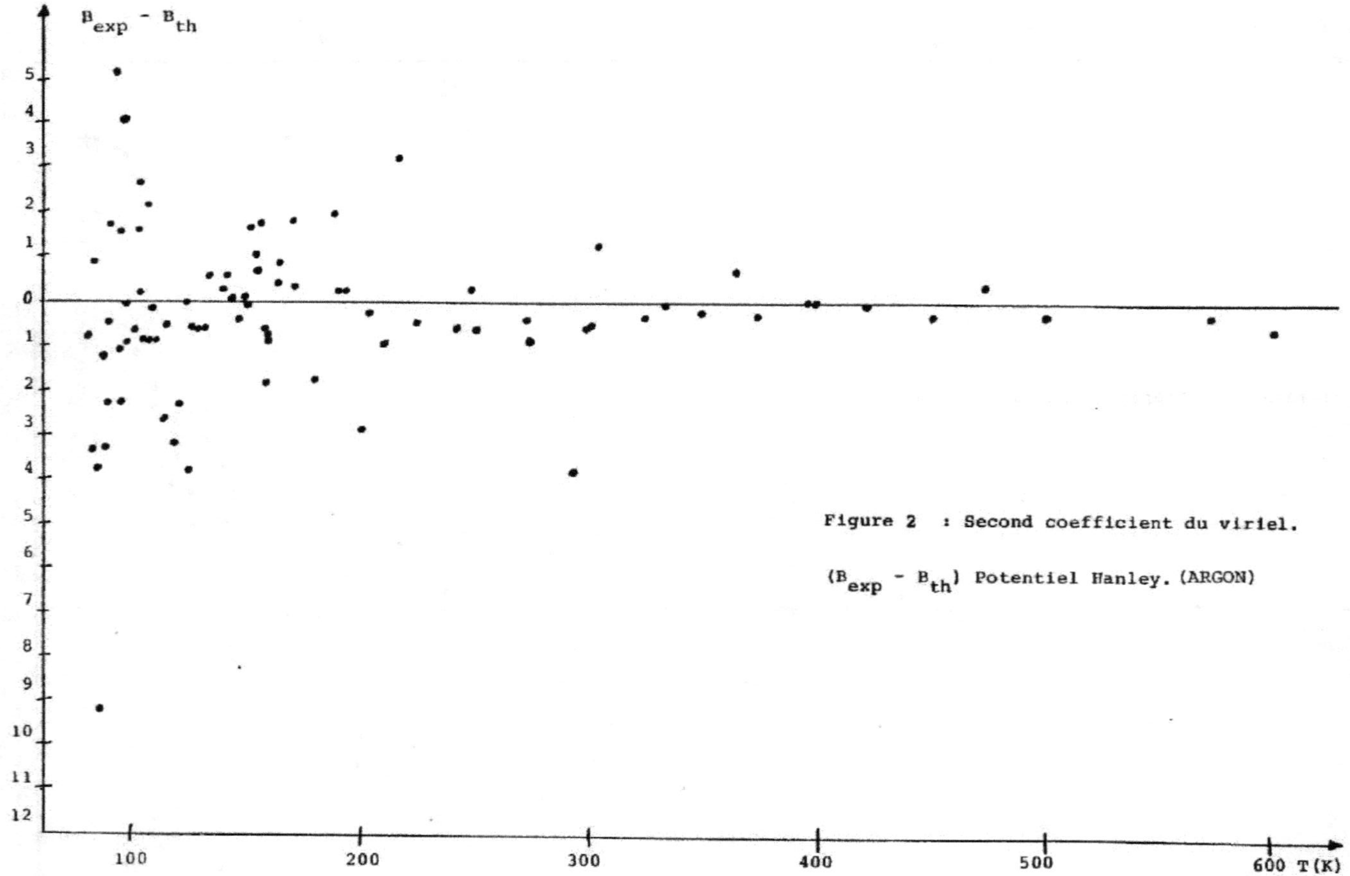

Figure 2 : Second coefficient du viriel.

$(B_{exp} - B_{th})$ Potentiel Hanley. (ARGON)

2. LE POSTULAT DE LA RELAXATION LINEAIRE ET L'EQUATION CINETIQUE FREY-SALMON*

Si l'équation cinétique Vlasov-BKG est définie à partir de la fermeture de la première équation de la hiérarchie B.B.G.K.Y. l'équation générale FREY-SALMON est obtenue au niveau de la seconde équation de la hiérarchie.

Cette dernière (F.S.) est fondée sur l'association de deux concepts :

- La fonction de distribution triple est proche d'une valeur au pseudo-équilibre local $f_{123} = f_1^M f_2^M f_3^M \psi_{123}$
- l'évolution de la fonction de distribution double f_{12} vers sa forme au pseudo-équilibre local $f_{12} = f_1^M f_2^M \psi_{12}$ se fait dans un temps τ de l'ordre de grandeur d'un temps moyen d'une collision binaire.

Le postulat du chaos moléculaire avait imposé que deux particules évoluaient sans corrélation entre elles, en fait les corrélations spatiales existent toujours même à l'équilibre.

Si χ_{12} et χ_{123} sont introduits dans les expressions de f_{12} et f_{123}, on obtient :

$$\begin{aligned} f_{12} &= f_1 f_2 \psi_{12} + \chi_{12} \\ f_{123} &= f_1 f_2 f_3 \psi_{123} + \chi_{123} \end{aligned} \qquad (I.14)$$

χ_{12}, χ_{123} représentent de faibles variations qui mathématiquement peuvent être interprétées comme des fonctionnelles.

Plaçons les nouvelles valeurs de f_{12} et f_{123} dans les deux premières équations de la hiérarchie :

$$\begin{aligned} \hat{D}_1 f_1 &= \hat{G}_1 f_{12} = \hat{G}_1 f_1 f_2 \psi_{12} + \hat{G}_1 \chi_{12} \\ \hat{D}_{12} f_{12} &= \hat{G}_{12} f_{123} = \hat{G}_{12} f_1 f_2 f_3 \psi_{123} + \hat{G}_{12} \chi_{123} \end{aligned} \qquad (I.15)$$

$\hat{D}_1$, $\hat{D}_{12}$, $\hat{G}_1$, $\hat{G}_{12}$ représentant des opérateurs.

---

*Thèse d'Etat FREY, Etablissement d'une nouvelle équation cinétique (ORSAY).

$\hat{D}$ exprime la variation de la fonction de distribution par rapport au temps ainsi que les phénomènes de diffusion et les effets de l'environnement.
$\hat{G}$ représente de façon non explicite l'influence des interactions entre particules.

Le postulat de la relaxation linéaire exige que le terme d'équilibre local soit obtenu en imposant une relation de relaxation linéaire à l'action de l'opérateur intégrale afin d'éviter une fonction divergente, pour traduire le retour à l'équilibre. Ce terme d'équilibre sera sensé induire l'irréversibilité.

A. EXPRESSION MATHEMATIQUE DE LA FERMETURE DE LA HIERARCHIE B.B.G.K.Y.

Le but de cette fermeture est de faire apparaître les grandeurs prédominantes qui vont permettre d'appréhender la définition du temps de relaxation de la fonction de distribution double f_{12}, proche du pseudo-équilibre local. Dans ces conditions, il semble nécessaire d'approfondir la notion de pseudo-équilibre local. Une étude préalable du système d'équations de la hiérarchie montre que l'évolution temporelle du fluide est gouvernée par quatre échelles de temps :

- τ, relaxation des fonctions de distribution $f_{12...s}$ $(s \geq 2)$
- τ_2, temps moyen d'une collision
- τ_1, temps qui s'écoulent entre deux collisions
- le temps θ_h durant lequel évolue toute grandeur macroscopique.

Pour un fluide dilué ou modérément dense où les interactions entre particules sont à courte portée, les quatre temps obéissent à l'inégalité $\tau < \tau_2 << \tau_1 << \theta_h$.

Dans une première phase $t_o < \tau \leq t < \tau_2$, t est inférieur à l'ordre de la durée d'une collision, toutes les densités de probabilité en phase simple f_1 varie beaucoup plus lentement. Et nous trouvons le temps de relaxation linéaire de la fonction de distribution double f_{12} dans l'intervalle $]t_o,t]$. Ainsi après une collision les $f_{123...s}$ ont oublié leur distribution initiale et l'on peut admettre que leur évolution temporelle est régie par la variation dans le temps de f_1 (ces notions seront concrétisées dans la relation fonctionnelle).

Par suite, pendant l'étape cinétique $\tau_2 << t << \tau_1$ les $f_{123...}$ relaxent vers une forme qui dépend seulement de f_1 en un intervalle de temps τ_1. Ainsi pendant la durée d'une collision un premier lissage ou "chaotisation" se produit dans lequel l'information initiale détaillée se trouve perdue. Puis, après un petit nombre de chocs, soit dans un temps de l'ordre de τ_1 ($\tau_1 << t << \theta_h$) f_1 a relaxé vers l'équilibre thermodynamique, et le gaz est régi par des lois qui caractérisent les grandeurs macroscopiques.

La fonction χ_{123} représente donc de faibles variations et nous pouvons l'interpréter comme un écart, représenté par une fonctionnelle, au pseudo-équilibre ou équilibre thermodynamique local.

Cette fonctionnelle dépend du temps τ^* qui lui-même dépend de la vitesse des particules. Elle s'écrira

$$\chi_{123} = \chi_{123}[\tau(v),u] \quad . \qquad (I.17)$$

Il s'agit donc dans le contexte de l'équation B.B.G.K.Y. au second ordre :

$$\hat{D}_{12}f_{12} = \hat{G}_{12}f_{123} = \hat{G}_{12}f_1f_1f_3\psi_{123} + \hat{G}_{12}\chi_{123} \qquad (I.18)$$

de faire une approximation sur $\hat{G}_{12}\chi_{123}$ afin de fermer la hiérarchie et assurer l'irréversibilité.

La fonctionnelle $\chi_{123}[\tau(v),u]$ associée à l'opérateur $\hat{G}_{12}$ donne $\hat{G}_{12}\chi_{123}[\tau(v),u]$. Cette quantité représente de manière non explicite une variation de l'influence des interactions entre particules.

Ainsi, la fonction de distribution double va relaxer dans un temps inférieur au temps d'une collision binaire. La quantité $\hat{G}_{12}\chi_{123}[\tau(v),u]$ peut être considérée comme représentant la dérivée fonctionnelle de $f_{12}[\tau(v),u]$ par rapport à $\delta\tau(u)$, comme $\chi_{123}[\tau(v),u]$ est une variation fonctionnelle de f_{123}.

On peut écrire :

$^*\tau$ dépend des vitesses de particules, mais aussi des rayons de la couronne de dissipation.

$$\frac{\delta f_{12}}{\delta \tau(u)}[\tau(v),u] \simeq \hat{G}_{12}\chi_{123}[\tau(v),u] \qquad \text{(I.19)}$$

En utilisant les propriétés des fonctionnelles*, cette relation peut prendre la forme :

$$\delta f_{12} \simeq \int \hat{G}_{12}\chi_{123}[\tau(v),u]\,\delta\tau(u)\,du \qquad \text{(I.20)}$$

δf_{12} est une différentielle fonctionnelle d'écart à l'équilibre thermodynamique local.
$\mathfrak{D}$ est le domaine de variation des vitesses dans la couronne de dissipation.

δf_{12} s'écrit encore $\delta f_{12} = f_1 f_2 \psi_{12} - f_{12}$. (I.21)

Le terme χ_{123} fait apparaître "une troisième particule", cet écart à l'équilibre permet de dire qu'il sera nécessaire de tenir compte dans le terme intégral de l'environnement qui influence les particules 1 et 2 lors de leur rencontre. $\delta\tau(u)$ sera un intervalle de temps inférieur au temps de collision de deux particules sous l'effet d'une troisième, l'environnement. $\delta\tau(u)$ fait apparaître un temps caractérisant le temps de relaxation de la fonction de distribution double. On retrouve ainsi le postulat F.S. :

$$\frac{f_1 f_2 \psi_{12} - f_{12}}{\tau} = \hat{G}_{12}\chi_{123} \qquad \text{(I.22)}$$

$\psi_{12}(x,t)$ est considéré comme constant durant le temps τ.

B. <u>EQUATION CINETIQUE F.S.</u>

L'équation cinétique F.S. est obtenue en plaçant la fermeture dans la seconde équation de la hiérarchie :

$$\hat{D}_{12} f_{12} = \hat{G}_{12} f_1 f_2 f_3 \psi_{123} + \frac{f_1 f_2 \psi_{12} - f_{12}}{\tau} \qquad \text{(I.23)}$$

d'où

$$f_{12} = \left[1+\tau\hat{D}_{12}\right]^{-1}\left[f_1 f_2 \psi_{12} + \tau\hat{G}_{12} f_1 f_2 f_3 \psi_{123}\right] \qquad \text{(I.24)}$$

---

*Mémoire d'ingénieur CNAM Eric Ternon

Le développement du premier terme de (I.24) fait apparaître un second ordre négligeable, d'où :

$$f_{12} = f_1 f_2 \psi_{12} - \tau\left[\hat{D}_{12} f_1 f_2 \psi_{12} - \hat{G}_{12} f_1 f_2 f_3 \psi_{123}\right] \qquad (I.25)$$

puis en développant,

$$f_{12} = f_1 f_2 \psi_{12} - \frac{\tau}{m} f_2 \cdot \frac{\partial f_1}{\partial \vec{w}_1}\left[\vec{X}_{12}\psi_{12} + \int \vec{X}_{13} n_3 \psi_{123} \underline{dx}_3 - \psi_{12}\int \vec{X}_{12} n_2 \psi_{12} \underline{dx}_2\right]$$

$$- \frac{\tau}{m} f_1 \cdot \frac{\partial f_2}{\partial \vec{w}_2}\left[\vec{X}_{21}\psi_{12} + \int \vec{X}_{23} n_3 \psi_{123} \underline{dx}_3 - \psi_{12}\int \vec{X}_{21} n_1 \psi_{12} \underline{dx}_1\right]$$

$$- \tau f_1 f_2 \left[\frac{\partial \psi_{12}}{\partial t} + \vec{w}_1 \cdot \frac{\partial \psi_{12}}{\partial \vec{x}_1} + \vec{w}_2 \cdot \frac{\partial \psi_{12}}{\partial \vec{x}_2}\right] \qquad (I.26)$$

Comme

$$\int \vec{X}_{12} n_2 \psi_{12} \underline{dx}_2 = \int \vec{X}_{13} n_3 \psi_{13} \underline{dx}_3$$

Aussi, on peut exprimer la fonction de corrélation triple avec les fonctions de corrélation double.

$$kT \frac{\partial \psi_{12}}{\partial \vec{x}_1} = \vec{X}_{12}\psi_{12} + \int \vec{X}_{13} n_3 \psi_{123} \underline{dx}_3 - \psi_{12}\int \vec{X}_{13} n_3 \psi_{13} \underline{dx}_3 \quad (I.27)$$

(I.26) se réduit à :

$$f_{12} = f_1 f_2 \psi_{12} - \tau\left[f_1 f_2 \frac{\partial \psi_{12}}{\partial t} + f_2 \frac{\partial \psi_{12}}{\partial \vec{x}_1} \cdot (\vec{w}_1 f_1 + \frac{kT}{m} \frac{\partial f_1}{\partial \vec{w}_1})\right]$$

$$- \tau\left[f_1 \frac{\partial \psi_{12}}{\partial \vec{x}_2} \cdot (\vec{w}_2 f_2 + \frac{kT}{m} \frac{\partial f_2}{\partial \vec{w}_2})\right] \qquad (I.28)$$

On peut substituer f_{12} par sa nouvelle expression dans la première équation de la hiérarchie :

$$\frac{\partial f_1}{\partial t} + \vec{w}_1 \cdot \frac{\partial f_1}{\partial \vec{x}_1} + \frac{1}{m} \cdot \frac{\partial f_1}{\partial \vec{w}_1}\left[\vec{X}_1 + \int \vec{X}_{12} n_2 \psi_{12} \underline{dx}_2\right] =$$

$$\tau \int n_2 \frac{\vec{X}_{12}}{m} \cdot \frac{\partial}{\partial \vec{w}_1}\left[\frac{\partial \psi_{12}}{\partial t} + \frac{\partial \psi_{12}}{\partial \vec{x}_1} \cdot (\vec{w}_1 f_1 + \frac{kT}{m} \frac{\partial f_1}{\partial \vec{w}_1}) + \frac{\partial \psi_{12}}{\partial \vec{x}_2} \cdot \vec{v}_2 f_1\right] \underline{dx}_2 \qquad (I.29)$$

On peut identifier n_1 et n_2 ainsi que $\vec{v}_1$ et $\vec{v}_2$.
Cette identification permet de dire que ψ_{12} est isotrope.

Cette simplification permet d'obtenir l'équation cinétique F.S. simplifiée :

$$\frac{\partial f_1}{\partial t}+\vec{w}.\frac{\partial f_1}{\partial \vec{x}}+\frac{\vec{X}}{m}\frac{\partial f_1}{\partial \vec{w}} = \frac{nkT}{2m}.\tau.B\left[3f_1+(\vec{w}-\vec{v})\frac{\partial f_1}{\partial \vec{w}}+\frac{kT}{m}\Delta_w f_1\right] \qquad (I.30)$$

ou encore

$$\frac{\partial f_1}{\partial t}+\vec{w}.\frac{\partial f_1}{\partial \vec{x}}+\frac{\vec{X}}{m}.\frac{\partial f_1}{\partial \vec{w}} = \frac{nkT}{2m}\tau B\left[3f_1+\vec{V}.\frac{\partial f_1}{\partial \vec{V}}+\frac{kT}{m}\Delta_V f_1\right]$$

avec $\vec{V} = \vec{w} - \vec{v}$

et

$$B = -\frac{8\pi}{3kT}\int_o^\infty \frac{d\varphi}{dx}.\frac{\partial\psi}{dx}\,x^2dx . \qquad (I.31)$$

C. DETERMINATION DU COEFFICIENT DE VISCOSITE CINETIQUE

1. Equation de transport de la pression cinétique

Dans le cadre de l' hypothèse F.S. :

$$f_{12} = f_1f_2\psi_{12}-\tau\{f_1f_2\frac{\partial\psi_{12}}{\partial t}+f_2(\vec{w}_1f_1+\frac{kT}{m}\frac{\partial f_1}{\partial \vec{w}_1}).\frac{\partial\psi_{12}}{\partial \vec{x}_1}$$

$$+ f_1(\vec{w}_2f_2+\frac{kT}{m}\frac{\partial f_2}{\partial \vec{w}_2}).\frac{\partial\psi_{12}}{\partial \vec{x}_2}\} \qquad (I.32)$$

la relation de l'annexe : 2 (A-8) se simplifie.
Tous les termes de f_{12} qui ne contiennent pas ni la vitesse $\vec{w}_1$, ni une dérivée sur cette vitesse donnent un résultat nul.

$$(A-8) = -\tau\left[p_{j\ell}-nkT\delta_{j\ell}\right]n\int\frac{X_{k,12}}{m}.\frac{\partial\psi_{12}}{\partial x_{j,1}}\,\underline{dx}_2$$

$$- \tau\left[p_{jk}-nkT\delta_{jk}\right]n\int\frac{X_{\ell,12}}{m}.\frac{\partial\psi_{12}}{\partial x_{j,1}}\,\underline{dx}_2 \qquad (I.33)$$

La théorie F.S. admet que la fonction de corrélation ψ_{12} est isotrope :

$$(A-8) = -\tau\,\frac{nkT}{m}B\left[p_{k\ell}-nkT\delta_{k\ell}\right] . \qquad (I.34)$$

L'équation F.S. simplifiée peut conduire au même résultat, à l'expression de l'équation de transport de la pression cinétique.

2. Coefficient de viscosité cinétique

Le tenseur de pression* $P_{k\ell}$ d'un fluide est de la forme :

$$P_{k\ell} = P_o \delta_{k\ell} - \mu\left[\frac{\partial v_k}{\partial x_\ell} + \frac{\partial v_\ell}{\partial x_k}\right] + \left(\frac{2}{3}\mu - \chi\right)\delta_{k\ell} \frac{\partial}{\partial \vec{x}}.\vec{v}. \qquad (I.35)$$

P_o est la pression scalaire.

En reprenant l'équation de transport de la pression cinétique on obtient :

$$\frac{\partial p_{k\ell}}{\partial t} + \frac{\partial}{\partial x_i}\left[p_{k\ell i} + v_i p_{k\ell}\right] + p_{ki}\frac{\partial v_\ell}{\partial x_i} + p_{\ell i}\frac{\partial v_k}{\partial x_i}$$

$$+ \frac{\tau n k T}{m} B\left[p_{k\ell} - nkT\delta_{k\ell}\right] = 0 . \qquad (I.36)$$

où B représente l'intégrale vue en (I.31),
$\delta_{k\ell}$ est le tenseur unité, c'est-à-dire le tenseur de composantes égales à 1 lorsque $k = \ell$ et à 0 lorsque $i \neq k$, et $\{\mu,\chi\}$ sont respectivement les coefficients de viscosité de glissement et de dilatation. Sachant que le tenseur de pression étant la somme de la pression cinétique et de la pression interparticulaire

$$P_{k\ell} = p_{k\ell} + \pi_{k\ell}$$

on peut par conséquent évaluer les viscosités cinétique et interparticulaire. Cette dernière sera calculée au chapitre 2 pour son évaluation dans le cas des gaz denses et liquides.

Les composantes du vecteur vitesse $\vec{v}$ sont des fonctions linéaires des composantes du vecteur position, $\frac{\partial v_i}{\partial x_j}$ peut être considéré comme constant.

Les trois composantes diagonales diffèrent peu de la pression scalaire cinétique, le tenseur de pression cinétique pouvant être considéré comme uniforme : les composantes diagonales sont très petites devant la pression cinétique scalaire. Le tenseur flux d'énergie thermique est nul. Aussi :

---

*Landau Mécanique des fluides p.63.

*J. Chastenet de Gery Analyse et Algèbre Linéaires du C.N.A.M Cycle C du cours de CALCUL TENSORIEL.

$$\frac{\partial n}{\partial t} = \frac{\partial v_k}{\partial t} = \frac{\partial p_{k\ell}}{\partial t} = 0 \qquad \frac{\partial n}{\partial x_i} = \frac{\partial T}{\partial x_i} = \frac{\partial p_{k\ell}}{\partial x_i} = 0 .$$

donc pour $k = \ell$ $\quad p_{k\ell} \simeq P$

et $\quad k \neq \ell$ $\quad p_{k\ell} << P$.

L'équation de conservation des particules devient :

$$\frac{\partial}{\partial \vec{x}} \cdot \vec{v} = 0$$

(I.36) se transforme en :

$$\tau nkT \frac{B}{m}(p_{k\ell} - nkT\delta_{k\ell}) = -\left[p_{ki}\frac{\partial v_\ell}{\partial x_i} + p_{\ell i}\frac{\partial v_k}{\partial x_i}\right]$$

En utilisant les approximations précédentes, et en ne conservant au second membre que les membres diagonaux du tenseur de pression cinétique, on peut les égaler à p.

On fait ainsi apparaître la viscosité cinétique de glissement

$$\mu_c = \frac{m}{\tau B}$$

et en tenant compte de la conservation des particules on obtient les expressions

$$k \neq \ell \qquad p_{k\ell} = -\mu_c\left[\frac{\partial v_k}{\partial x_\ell} + \frac{\partial v_\ell}{\partial x_k}\right]$$

$$\text{et } k = \ell \qquad p_{kk} = P - \mu_c\left[\frac{2\,\partial v_k}{\partial x_k} - \frac{2}{3}\frac{\partial}{\partial \vec{x}} \cdot \vec{v}\right]$$

Le coefficient de viscosité de dilatation $\varkappa_c$ est nul.

D. TEMPS MOYEN IDEAL DE COLLISION BINAIRE. TEMPS MOYEN REEL ET TEMPS DE RELAXATION DE LA FONCTION DE DISTRIBUTION DOUBLE f_{12}

1. Temps moyen "idéal" de collision

La nécessité de briser le caractère réversible du système d'équations B.B.G.K.Y. à l'aide d'un postulat d'irréversibilité

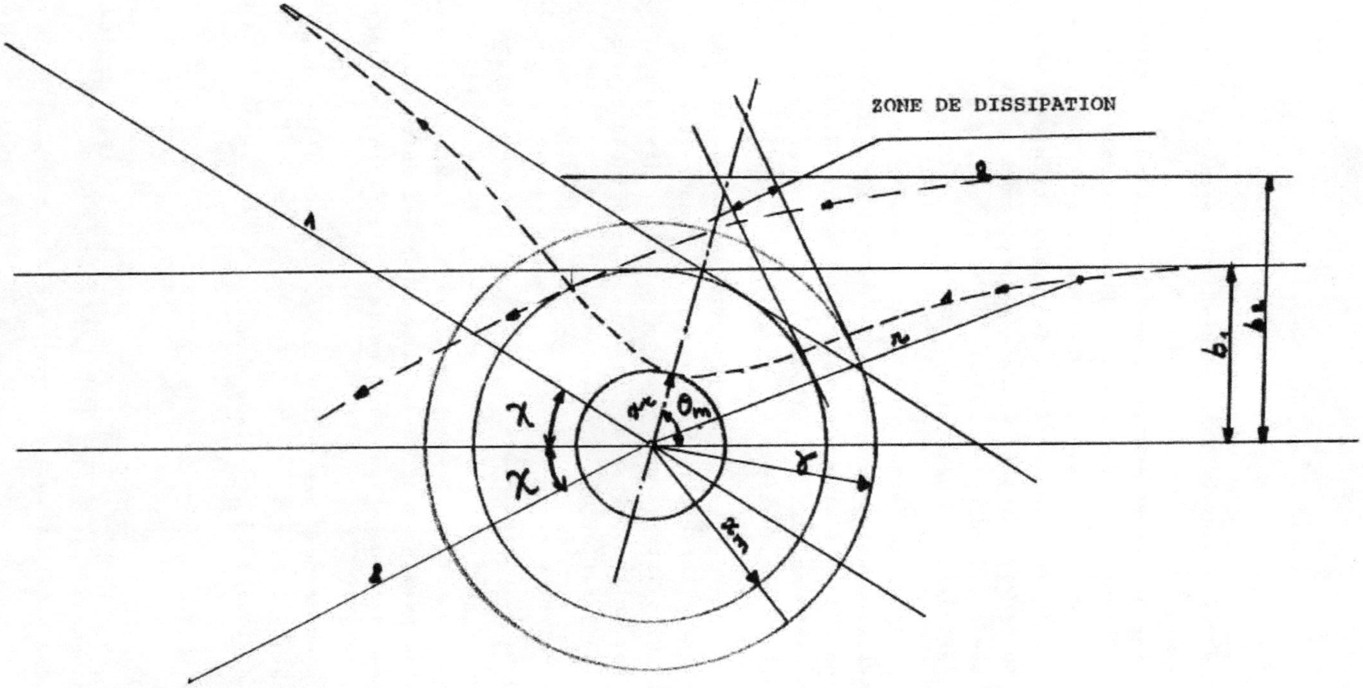

Figure: 3. Trajectoire de la particule fictive
représentant le mouvement relatif.

pour obtenir une équation cinétique compatible avec le second principe de la thermodynamique a été le sujet de nombreuses controverses.

Ces questions se posent avec d'autant d'acuité que la définition du temps τ présente des difficultés. Il semble évident maintenant, que le temps moyen "idéal" de collision ne peut convenir ; c'est-à-dire en considérant la collision de deux particules sans tenir compte de son environnement, autrement dit, comme s'il n'existait dans une enceinte que deux particules et qui, à un instant quelconque, entraient en collision.

Dans la procédure de fermeture F.S., le postulat impose la relation de fermeture sous la forme $\frac{f_1 f_2 \psi_{12} - f_{12}}{\tau}$ où τ représente le temps moyen réel de collision. Ce temps sera défini comme le temps de passage dans une région de dissipation. Elle sera déterminée par simulation, et sa valeur sera justifiée.

Aussi ce phénomène est relatif à la vitesse des particules et seulement à cette vitesse par conséquent à la température. La densité des particules interviendra dans un potentiel dérivant d'une force moyenne. Elle jouera par conséquent un rôle au niveau des corrélations de position des particules.

L'énergie relative et le paramètre d'impact permettront de déterminer le temps τ. C'est-à-dire $\Delta t = \Delta t(b,g)$, g étant la vitesse relative de la particule. Le repère choisi pour la particule dans les calculs sera celui du centre de gravité des particules. Δt sera le temps de passage dans la portion de sphère entre A et B (fig.3) déterminée par simulation. On appelle r_F le rayon intérieur et γ le rayon extérieur.
La distance r_F ne correspond pas à la distance minimum d'approche, cette dernière est appelée r_t.
La conservation de l'énergie cinétique donne :

$$\frac{m}{4}(\dot{r}^2+r^2\omega^2) + \varphi(r) + \Delta\Phi[\varphi(r),n,T] = \frac{1}{4}mg^2 \ . \qquad (I.37)$$

$\Delta\Phi[\varphi(r),n,T]$ est la perturbation dans le cas où la collision a lieu avec un environnement de particules.
Dans un premier temps $\Delta\Phi[\varphi(r),n,T]$ sera égal à zéro pour les gaz dilués.

La conservation du moment cinétique permet d'écrire $\omega r^2 = bg$, l'intégration conduit à :

$$\Delta t(b,g) = 2 \int_{r_t}^{\gamma} \frac{dr}{g\left[1-b^2/r^2 - 4\varphi(r)/mg^2\right]^{1/2}} \qquad (I.38)$$

La solution de l'équation

$$1 - \frac{b^2}{r_t} - \frac{\varphi(r_t)}{\frac{1}{4}mg^2} = 0$$

donne la valeur de r_t ; elle correspond au minimum du rayon vecteur et elle est facilement déterminable. Il est nécessaire de faire la moyenne de Δt sur les paramètres d'impact et pour cela calculons l'intégrale :

$$\langle\Delta t\rangle_b = \int_{b_o}^{b_{Max}} \Delta t . f(b) db \qquad (I.39)$$

b_{Max} est le paramètre d'impact maximum pour une vitesse g déterminée, tel que la particule soit à la limite de la sphère de dissipation.

Si la distribution des vitesses est isotrope,on pourra prendre comme fonction de distribution des paramètres d'impact, la relation :

$$f(b)db = \frac{2\pi b db}{\pi b_{Max}^2} \qquad (I.40)$$

Le paramètre d'impact moyen correspond à une valeur $b_{moyenne}$ qui sépare l'aire de la section de la sphère de dissipation en deux surfaces égales.

b_{Max} est le paramètre d'impact correspondant à une distance minimum d'approche $r_t = \gamma$:

$$1 - \frac{b_{Max}^2}{\gamma^2} - \frac{4\varphi(\gamma)}{mg^2} = 0 \qquad (I.41)$$

d'où

$$b_{Max} = \gamma\sqrt{1 - \frac{4\varphi(\gamma)}{mg^2}} \qquad (I.42)$$

$$\langle \Delta t \rangle_b = \int_{b_o}^{b_{Max}} \Delta t \, f(b) db$$

$$= \frac{4}{g\gamma^2 \left(1 - \frac{4\varphi(\gamma)}{mg^2}\right)} \int_{b_o}^{b_{Max}} b \left(\int_{r_t}^{\gamma} \cdot \frac{dr}{\left[1 - \frac{b^2}{r^2} - \frac{4\varphi(r)}{mg^2}\right]^{1/2}} \right) db \qquad (I.43)$$

La moyenne $\langle \Delta t \rangle_b$ étant faite, cherchons maintenant la moyenne de cette valeur en prenant une distribution des vitesses maxwellienne

$$f(g)dg = \left(\frac{m}{4\pi kT}\right)^{3/2} \exp\left(-\frac{mg^2}{4kT}\right) . 4\pi g^2 dg$$

et

$$\tau = \int_o^{\infty} f(g) \langle \Delta t \rangle_b dg$$

d'où :

$$\tau = \frac{16\pi}{\gamma^2} \left(\frac{m}{4\pi kT}\right)^{3/2} \int_o^{\infty} \frac{\exp-(mg^2/4kT)}{\left(1 - \frac{4\varphi(\gamma)}{mg^2}\right)} . g \left(\int_{b_o}^{b_{Max}} b(\quad) db \right) dg$$

$$(\quad) = \int_{r_t}^{\gamma} \frac{dr}{\left(1 - \frac{b^2}{r^2} - \frac{4\varphi(r)}{mg^2}\right)^{1/2}} \qquad (I.44)$$

τ représente ainsi un temps moyen d'une collision idéale. Il est défini par rapport aux distribution des paramètres d'impact et des vitesses.

Critiques du calcul du temps τ

L'utilisation de l'expression (I.44) du calcul du temps τ peut porter à certaines critiques.

Certes, l'utilisation de potentiels tels que celui de Lennard-Jones ou d'Hanley - Klein conviennent parfaitement, aussi bien pour le second coefficient du viriel, le coefficient de compressibilité, le coefficient de viscosité des gaz à pression atmosphérique et denses (voir chapitre II). Ils sont aussi reconnus par l'ensemble des physiciens comme des potentiels représentatifs de la réalité physique (Hirschfelder, Percus-Yevick...).

Mais les critiques portent principalement sur les approximations susceptibles d'induire des erreurs dans le calcul et des relations pouvant déformer la réalité physique. Une chose peut étonner, c'est l'utilisation d'une distribution uniforme pour le paramètre d'impact. Il serait en effet plus rigoureux d'exprimer le paramètre d'impact apparaissant dans la première intégrale en fonction de la section efficace de l'argon que l'on connaît expérimentalement. La déviation est donnée par la formule :

$$\chi = \pi - 2\theta_m = \pi - 2 \int_{r_c}^{\infty} \left[\frac{r^4}{b^2} - r^2 - \frac{2r^4\varphi(r)}{mg^2b^2}\right]^{-1/2} dr \qquad (I.45)$$

La section efficace différentielle de collision $\sigma(\chi)$ dépend essentiellement du potentiel d'interaction, du paramètre d'impact b, et de la vitesse initiale g par l'angle de déviation χ.
b peut s'exprimer en fonction de $\sigma(\chi)$, cette relation s'écrit :

$$b = \sigma(\chi)\sin(\chi)\,\frac{d\chi}{db} \qquad (I.46)$$

(voir figure 3) où $\frac{d\chi}{db}$ peut être obtenu à partir de la relation intégrale précédente.

Ce calcul permettrait de tester la validité de cette distribution uniforme du paramètre d'impact dont on tient compte dans l'expression de τ. L'écart devrait donner une idée sur l'approximation. C'est une première critique de τ. Mais étant donnée l'isotropie de la distribution des vitesses, elle ne peut être sensible qu'aux hautes densités. Dans l'ensemble, le premier principe de la thermodynamique, conduit à une grandeur du temps de collision, mis à part les phénomènes quantiques aux basses températures et pour des pressions très élevées, fort raisonnable . L'hypothèse que la distribution des vitesses de Maxwell-Boltzmann n'est plus très réaliste dans ces domaines, n'est pas à écarter. C'est la critique la plus importante sur laquelle l'attention doit être attirée.

2. Temps moyen réel de collision

Ce modèle utilisé précédemment pour le calcul du temps de relaxation est un modèle idéal, il ne considère que les deux particules qui se cognent. Mais il est nécessaire de tenir compte de l'entourage (des particules environnantes) au moment de la collision.

Reprenons l'expression (I.37) en introduisant une perturbation $\Delta\Phi[\varphi(r),n,T]$:

$$\frac{m}{4}(\dot{r}^2+\omega^2 r^2) + \varphi(r) + \Delta\Phi[\varphi(r),n,T] = \frac{1}{4}mg^2 \qquad (I.47)$$

$\Phi(r)$ sera un potentiel équivalent à $\varphi(r) + \Delta\Phi[\varphi(r),n,T]$. Dans ce cas, la température, par conséquent la vitesse des particules, n'influence que modérément le terme de perturbation qui a pour fonction de réduire le temps de collision. Ainsi on peut expliquer la correction* utilisée dans la théorie F.S. lorsque le temps défini correspond au temps de passage de la particule dans la zone répulsive du potentiel. En effet, le temps calculé dans ces conditions est multiplié par un facteur égal à 0.12. Il convient, semble-t-il quelle que soit la température. On peut imaginer l'ensemble des particules ou environnement comme figé le temps d'une collision (10^{-13} s) et seules la force interparticulaire et la densité interviendront. Cette perturbation peut s'exprimer d'une manière précise en calculant le potentiel dérivant d'une force moyenne due aux corrélations qu'elle entraîne quand on augmente la densité du gaz.

B.G.K.** ont proposé la relation suivante pour déterminer la fonction de distribution radiale :

$$g_{BGK}(x_{12}) = \exp\{-\frac{\varphi(x_{12})}{kT} + \frac{2\pi n}{\sigma}\int_0^{\infty}\left[e^{-\varphi_{13}/kT} - 1\right] \times$$
$$\left[\int_{|x_{12}-x_{13}|}^{|x_{12}+x_{13}|}(e^{-\varphi_{23}/kT} - 1)x_{23}dx_{23}\right]x_{13}dx_{13} . \qquad (I.48)$$

Posons : $\quad g_{BGK}(x_{12}) = \exp - \frac{\Phi(x_{12})}{kT}$

d'où

---

*Thèse de 3e Cycle P.Hoffmann, Université d'Orsay

**Ref : Hirschfelder, Molecular Theory of gases and liquids ed. Wiley.

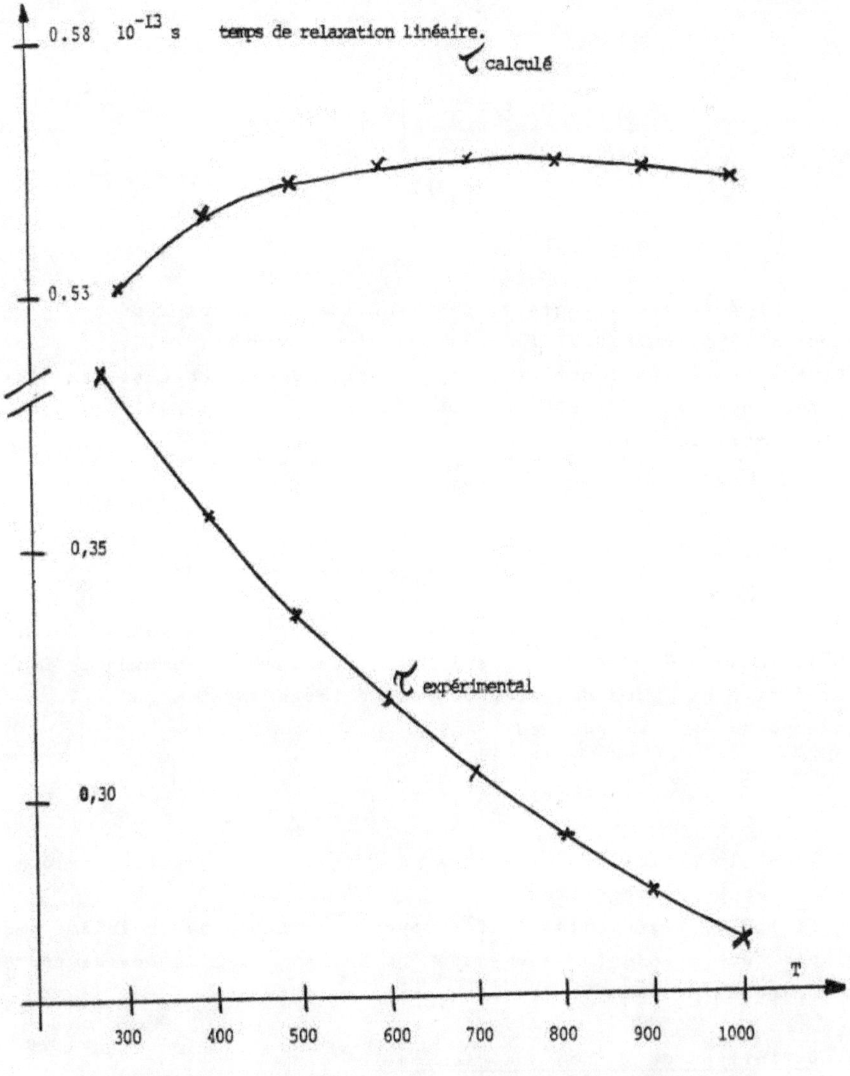

Figure 4 : Comparaison du temps déduit de l'expérience et du temps calculé en utilisant la zone répulsive et positive du potentiel.

Réf. : Thèse d'Etat de P. HOFFMANN

Gaz : Argon, potentiel Lennard - Jones. $\sigma = 3.405$ Å

$\tau_{exp} = 2m/\mu_{exp} B$.

$$\Phi_{BGK}(x_{12}) = \varphi(x_{12}) - \frac{2\pi nkT}{\sigma}\int_0^\infty \left[e^{-\varphi_{13}/kT} - 1\right] \times$$

$$\left[\int_{|x_{12}-x_{13}|}^{|x_{12}+x_{13}|} (e^{-\varphi_{23}/kT} - 1)x_{23}dx_{23}\right]x_{13}dx_{13}.$$

L'équation intégrale, non linéaire de Percus-Yevick (Annexe 1) permet aussi l'obtention d'un potentiel dérivant d'une force moyenne. La fonction de corrélation double obtenue est plus précise que celle de BGK. Par résolution numérique de l'équation P.Y. on est conduit à $\Phi(r)$ en posant :

$$g_{P.Y.}(r) = e^{-\Phi(r)/kT}$$

où $\quad \Phi(r) = -kT \ln g_{P.Y.}(r)$

Cette forme équivalente est ni plus ni moins qu'une forme "Boltzmanienne". C'est-à-dire la fonction de distribution radiale est écrite en terme de potentiel d'une force moyenne qui est décomposée en deux parties :

$$\Phi(r) = \varphi(r) + \Delta\Phi[\varphi(r),n,T].$$

$\varphi(r)$ est le potentiel "direct" et $\Delta\Phi[\varphi(r),n,T]$ une variation potentielle supplémentaire.
$\Delta\Phi[\varphi(r),n,T]$ représente l'effet moyen associé à une troisième particule qui représente la moyenne équivalente de l'action de toutes les particules dans toutes les positions possibles.

3. Définition de la zone de dissipation

Elle est certainement un des points essentiels de ce travail Le souci fondamental est de lever le doute sur la notion de temps de relaxation linéaire de la fonction de distribution double.

A ce sujet, de nombreuses hypothèses ont été émises. Pour J. SALMON*, toute la partie répulsive du potentiel d'interaction

---

*An examination of various postulates of irreversibility J.SALMON, Ann.Inst.Henri Poincaré.

permet de définir le temps de collision de deux particules correspondant au temps de relaxation ; pour P.HOFFMANN*, seule la partie positive et répulsive du potentiel intervient dans ce calcul**.

Au lieu d'émettre des hypothèses sur la nature de la collision, le travail a consisté à chercher avec des potentiels réalistes (Lennard-Jones, Hanley-Klein) par "simulation" la zone (couronne) de dissipation correspondante.

Ainsi, il est utilisé le résultat de l'équation de conservation de l'énergie qui permet de définir ce temps en moyenne sur l'espace des vitesses et des paramètres d'impact dont la distribution a été considérée uniforme. Ce calcul conduit à une intégrale triple dont la valeur numérique est définie par un artifice d'analyse numérique (Annexes, Organigramme).

Cependant, de nombreuses tentatives*** ont été faites pour promouvoir les deux premières hypothèses.

P.HOFFMANN en utilisant l'expression (I.44) a montré que dans le cas proposé par J.SALMON, il est nécessaire d'apporter dans le calcul du temps τ un facteur correctif.

Dans l'hypothèse approchée de P.HOFFMANN, c'est-à-dire en ne tenant compte que de la partie positive et répulsive du potentiel, l'ordre de grandeur du temps de collision calculé est proche de celui déduit de l'expérience, mais il existe une divergence (fig.4a). Cependant, il estime que cette divergence peut être corrigée, car la borne inférieure de la première intégrale dans le calcul du temps τ (I.44) n'est pas fixe mais dépend des paramètres d'impact et des vitesses.

Toutefois, la figure 4 montre que cette divergence annule l'effet de la température.

L'hypothèse de P.HOFFMANN rentre dans un contexte "Boltzmannien" qui ne considère que la partie violemment répulsive du potentiel en ignorant les corrélations avant la rencontre des parti-

---

* Thèse d'Etat

** Temps de relaxation des corrélations CRAS

*** Thèse de 3e cycle P.HOFFMANN

*** A paraître Temps de relaxation des corrélations bi-particulaires d'un gaz. Publication de groupe.

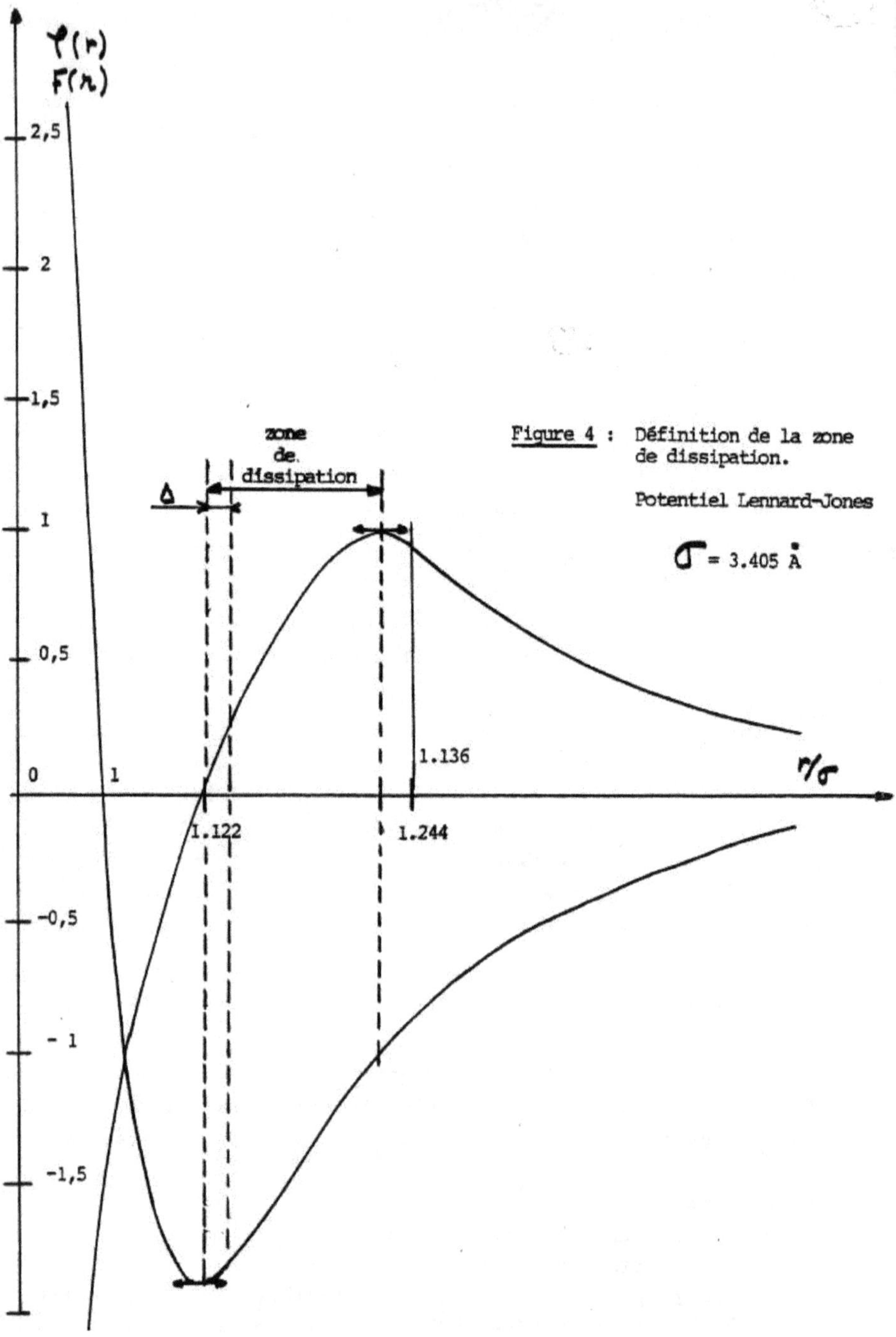

Figure 4 : Définition de la zone de dissipation.

Potentiel Lennard-Jones

$\sigma = 3.405$ Å

cules ; mais cette hypothèse, comme il le sera montré par la suite ne peut donner des résultats valables que dans le cas de gaz dilués.

Principe de la simulation

Dans la fermeture du système de la hiérarchie, FREY-SALMON ont postulé que le temps de relaxation de la fonction de distribution double correspond au temps de passage dans la partie répulsive du potentiel d'une particule dans le champ d'une autre.

Cet exemple précis permet en fait de montrer que l'on passe d'un domaine physique à un autre tout en gravitant dans un espace commun à ces deux domaines. Le premier domaine est celui des temps de relaxation des fonctions de distribution, le second celui des temps de collision entre particules. Et il s'agit de trouver un lien entre ces deux domaines.

Le lien sera la fonction τ trouvant une application du premier domaine dans le second.

Mais le raisonnement peut être conduit dans différentes directions. La première est de postuler. L'intuition joue un rôle important et demande une bonne connaissance des phénomènes physiques.

La seconde est de dire, il existe une relation entre deux domaines à l'intérieur d'un même espace et à l'aide de moyens tels que l'informatique chercher à lier ces deux domaines en définissant des fonctions ou morceaux de fonctions communes.

Cette méthode fait appel à la théorie des fonctionnelles mais aussi à des algorithmes de convergence particulièrement puissants.

Dans notre cas, on s'est limité à chercher progressivement la zone du potentiel qui pouvait correspondre au temps de relaxation de la fonction de distribution double.

Mais, les résultats obtenus ne sont guère en accord avec les théories développées dans le cadre de l'équation F.S., puisque seule la partie attractive du potentiel contenue entre le point d'inflexion et le fond du puits correspond à la réalité du calcul en accord avec les données expérimentales.

Avec le potentiel de Lennard-Jones, le maximum de la force qui correspond en coordonnées réduites à 1,2444 a été défini par simulation à 1,225 (figure 4b).

Potentiel Lennard-Jones

				Δ
Point d'inflexion calculé	: 1.2444	simulé	: 1.225	2 %
Fond du puits calculé	: 1.122	simulé	: 1.14	2 %
Espace parcouru durant la relaxation	0.1224		0.085	

Potentiel Hanley-Klein

Point d'inflexion calculé	: 1.2275	simulé	: 1.227	5 ‰
Fond du puits calculé	: 1.1145	simulé	: 1.1395	2,5 %
Espace parcouru durant la relaxation	0.1130		0.0875	

La zone de dissipation ainsi définie permet de dire que l'ensemble des résultats obtenus avec la théorie F.S. sont en bon accord avec la théorie de Boltzmann et l'expérience (figures 5, 6 et 7 et tableaux 1,2,3,4,5 et 6). Le potentiel de Hanley-Klein est utilisé dans les théories de Boltzmann et FREY-SALMON modifiée . L'introduction du potentiel de Lennard-Jones dans la théorie F.S. comparée à celui de Hanley-Klein ne semble pas donner de grosses différences dans les résultats. Ils sont l'un comme l'autre une bonne approximation de la réalité.

Toutefois, on peut remarquer une légère divergence pour les deux potentiels aux basses températures.

Ceci peut s'expliquer par le fait que certains éléments de la théorie ne décrivent pas entièrement le phénomène physique, en particulier la distribution des vitesses de Maxwell-Boltzmann n'est peut-être plus très réaliste aux plus basses températures, là où les effets quantiques se font ressentir. La plupart du temps, le potentiel de Lennard-Jones a été ajusté comme le potentiel de Hanley-Klein dans la théorie de Boltzmann et le second coefficient du viriel et ne tient pas nécessairement compte de tous les effets que la théorie F.S. intègre et en particulier sa capacité à déterminer les coefficients de transport des gaz denses (chapitre II). L'adaptation d'un potentiel avec la nouvelle zone de dissipation avec les théories F.S., Boltzmann et l'équation d'état pourrait confirmer plus largement le travail réalisé.

Figure 5 : Ecart viscosité de l'Argon.

- Kestin JCP vol.53 nombre 10
- o Viscosities of inert gases.

$$\frac{\mu_{exp} - \mu_{Boltz.HK}}{\mu_{Boltz.HK}}$$

$$X \cdot \frac{\mu_{FS(HK)} - \mu_{Boltz.HK}}{\mu_{Boltz.HK}}$$

$$\nabla \frac{\mu_{FS(L-J)} - \mu_{Boltz.HK}}{\mu_{Boltz.HK}}$$

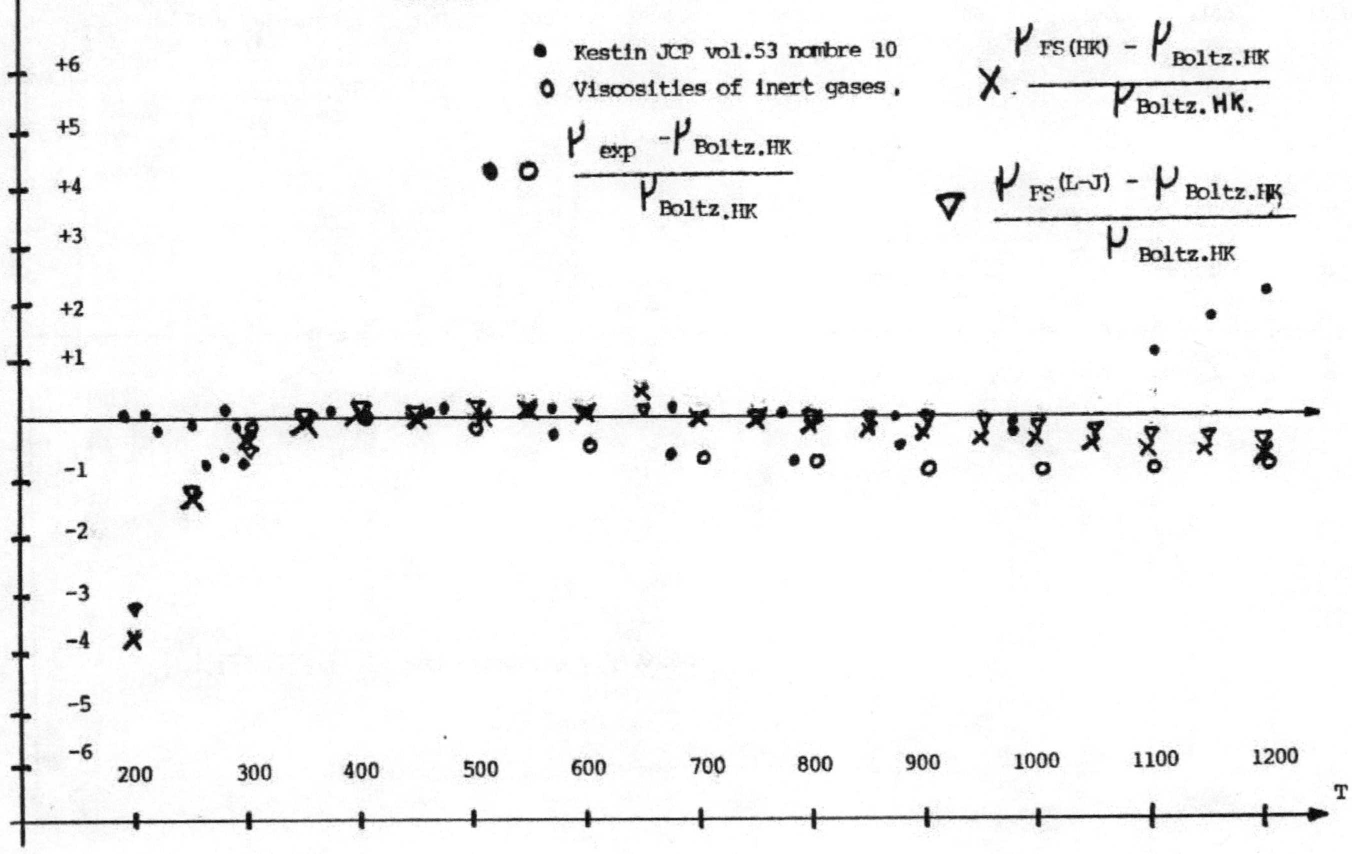

Figure 6 : Ecart viscosité du Krypton.

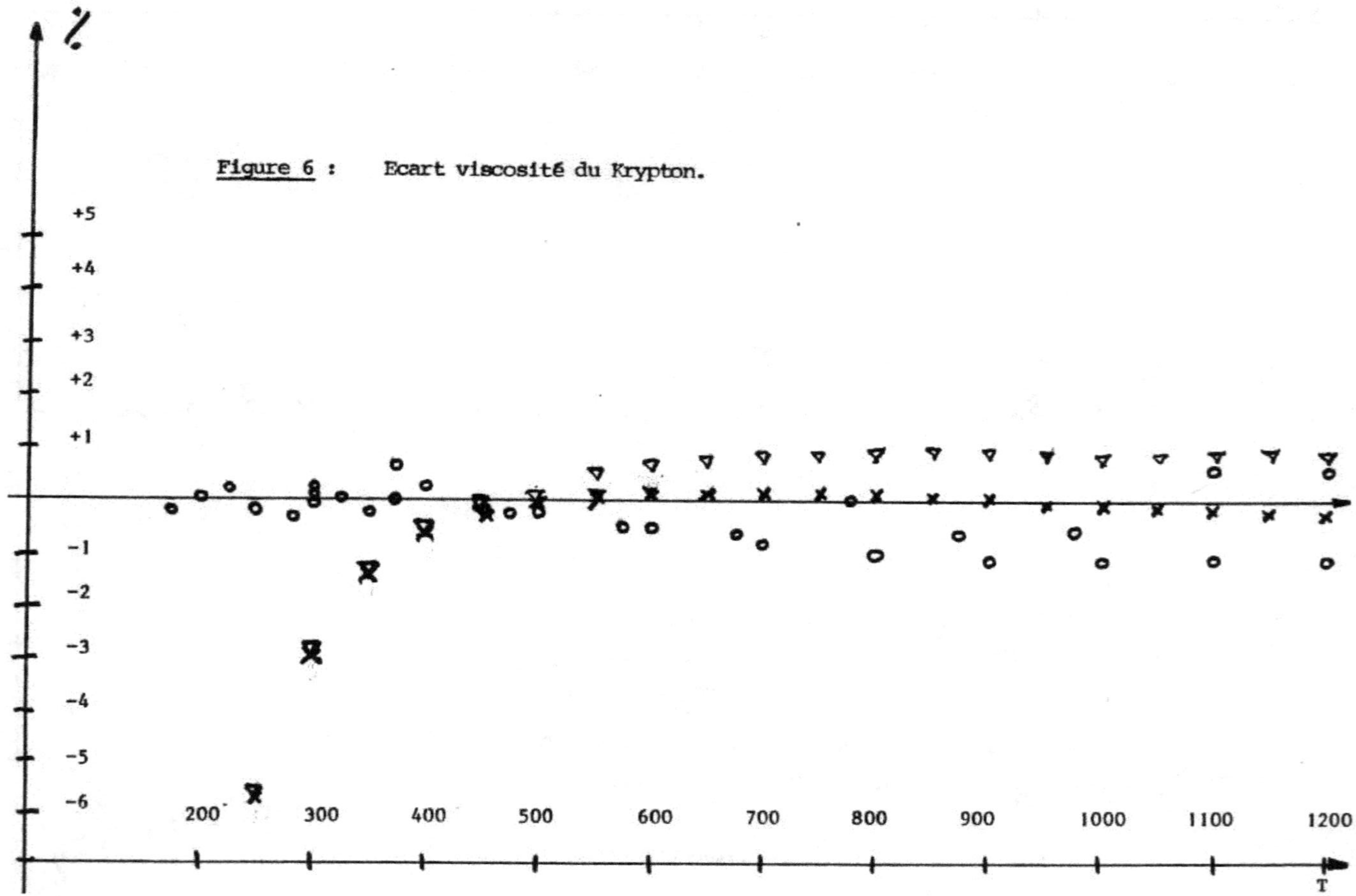

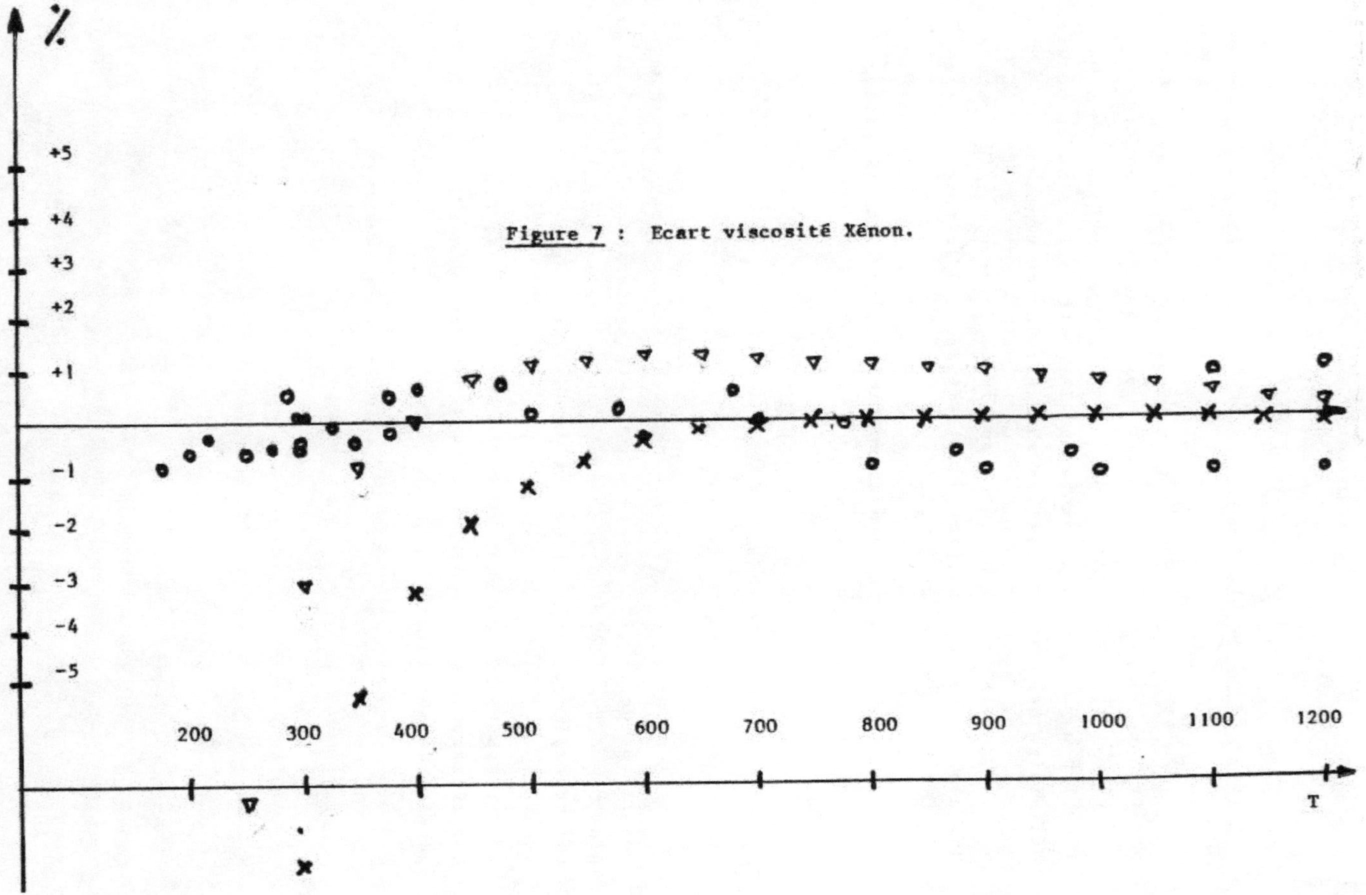

Figure 7 : Ecart viscosité Xénon.

. Unicité de la solution

On peut penser que la zone définie par simulation n'est pas unique, et qu'il peut exister d'autres zones satisfaisant aux conditions précédemment définies. Mais au cours de la simulation, on a pu se rendre compte que la partie répulsive ne pouvait satisfaire les contraintes imposées par la température.

Un essai systématique a permis de le prouver. "Il existe une seule zone de dissipation qui satisfait à la fonctionnelle $\tau[\varphi(r),n,T]$, $\varphi(r)$ définit sur $]0,\infty[$.

Mais cette unicité n'est valable qu'avec la définition du temps τ formulé précédemment.

o o
o

A priori, les résultats obtenus semblent sous bien des points corrects, mais les équations utilisées apparaissent beaucoup plus *comme une règle* permettant le calcul de la viscosité d'un gaz, qu'une explication physique des phénomènes de transport dans les gaz.

Cependant, on peut essayer tout de même de donner une interprétation physique des résultats obtenus. C'est l'objet du paragraphe suivant :

Entropie et irréversibilité.

200.00	0.4098	0.3961	0.1542	0.1596	-.033
250.00	0.3950	0.3895	0.1927	0.1955	-.013
300.00	0.3811	0.3791	0.2275	0.2288	-.005
350.00	0.3684	0.3678	0.2594	0.2599	-.001
400.00	0.3567	0.3568	0.2890	0.2890	0.000
450.00	0.3461	0.3463	0.3167	0.3166	0.000
500.00	0.3364	0.3367	0.3429	0.3426	0.000
550.00	0.3274	0.3277	0.3677	0.3675	0.000
600.00	0.3192	0.3193	0.3915	0.3913	0.000
650.00	0.3115	0.3129	0.4143	0.4124	0.004
700.00	0.3044	0.3043	0.4362	0.4364	-.000
750.00	0.2978	0.2975	0.4574	0.4578	-.000
800.00	0.2916	0.2913	0.4780	0.4785	-.001
850.00	0.2858	0.2853	0.4979	0.4987	-.001
900.00	0.2803	0.2797	0.5173	0.5184	-.002
950.00	0.2751	0.2744	0.5362	0.5376	-.002
1000.00	0.2703	0.2694	0.5546	0.5564	-.003
1050.00	0.2657	0.2647	0.5727	0.5748	-.003
1100.00	0.2613	0.2602	0.5903	0.5929	-.004
1150.00	0.2571	0.2559	0.6076	0.6106	-.004
1200.00	0.2532	0.2518	0.6246	0.6280	-.005
T	$\tau\times10^{13}$ Temps de relaxation FS	$\tau\times10^{13}$ Temps déduit de l'expérience	$\mu_{F.S.}$ L.J. $\times10^4$	μ Boltzmann H.K. $\times10^4$	$\Delta\mu/\mu$

<u>TABLEAU 1</u> : Comparaison théories de FREY-SALMON et BOLTZMANN

Viscosité de l'argon, potentiel de LENNARD-JONES

$\sigma = 3.405$ Å $\quad \varepsilon/k = 119.7$ K

Zone de dissipation $x_F = 1.14$

Pression atmosphérique $\gamma = 1.225$

T	$\tau \times 10^{13}$ Temps de relaxation FS	$\tau \times 10^{13}$ Temps déduit de l'expérience	$\mu_{F.S.}$ 10^4 L.J.	μ Boltzmann H.K.	$\Delta\mu/\mu$
200.00	0.6968	0.5891	0.1328	0.1571	-.1546
250.00	0.6860	0.6353	0.1808	0.1953	-.0739
300.00	0.6729	0.6513	0.2258	0.2333	-.0321
350.00	0.6592	0.6526	0.2676	0.2704	-.0100
400.00	0.6455	0.6467	0.3068	0.3063	0.0019
450.00	0.6321	0.6373	0.3436	0.3409	0.0081
500.00	0.6193	0.6259	0.3784	0.3745	0.0105
550.00	0.6071	0.6142	0.4114	0.4067	0.0117
600.00	0.5955	0.6027	0.4429	0.4376	0.0121
650.00	0.5845	0.5914	0.4730	0.4675	0.0118
700.00	0.5740	0.5803	0.5019	0.4965	0.0110
750.00	0.5641	0.5698	0.5298	0.5245	0.0102
800.00	0.5546	0.5597	0.5567	0.5517	0.0092
850.00	0.5456	0.5501	0.5828	0.5781	0.0082
900.00	0.5370	0.5410	0.6081	0.6037	0.0073
950.00	0.5289	0.5323	0.6327	0.6286	0.0066
1000.00	0.5210	0.5240	0.6566	0.6530	0.0057
1050.00	0.5136	0.5161	0.6800	0.6768	0.0048
1100.00	0.5064	0.5085	0.7028	0.7000	0.0041
1150.00	0.4996	0.5013	0.7252	0.7228	0.0033
1200.00	0.4930	0.4943	0.7470	0.7451	0.0026

TABLEAU 2 : Comparaison théories de FREY-SALMON et BOLTZMANN
Viscosité du xénon, potentiel de LENNARD-JONES
$\sigma = 4$ Å $\quad \varepsilon/k = 210$ K
Zone de dissipation $x_F = 1.14$
Pression atmosphérique $\gamma = 1.225$

T	$\tau \times 10^{13}$ Temps de relaxation FS	$\tau \times 10^{13}$ Temps déduit de l'expérience	$\mu_{F.S.}$ L.J. 10^4	μ Boltzmann H.K. 10^4	$\Delta\mu/\mu$
200.00	0.5422	0.4812	0.1544	0.1740	-.1126
250.00	0.5300	0.4993	0.2033	0.2158	-.0579
300.00	0.5170	0.5016	0.2482	0.2559	-.0298
350.00	0.5041	0.4969	0.2897	0.2940	-.0143
400.00	0.4918	0.4888	0.3284	0.3304	-.0060
450.00	0.4801	0.4798	0.3646	0.3648	-.0005
500.00	0.4690	0.4703	0.3987	0.3977	0.0027
550.00	0.4587	0.4609	0.4311	0.4291	0.0049
600.00	0.4489	0.4516	0.4620	0.4593	0.0061
650.00	0.4397	0.4429	0.4916	0.4882	0.0071
700.00	0.4311	0.4345	0.5201	0.5161	0.0078
750.00	0.4230	0.4264	0.5475	0.5431	0.0082
800.00	0.4153	0.4188	0.5740	0.5692	0.0085
850.00	0.4080	0.4115	0.5997	0.5946	0.0086
900.00	0.4011	0.4046	0.6246	0.6193	0.0087
950.00	0.3946	0.3980	0.6489	0.6434	0.0086
1000.00	0.3883	0.3917	0.6726	0.6669	0.0086
1050.00	0.3824	0.3857	0.6957	0.6898	0.0086
1100.00	0.3767	0.3799	0.7182	0.7123	0.0084
1150.00	0.3713	0.3744	0.7403	0.7343	0.0082
1200.00	0.3662	0.3691	0.7619	0.7559	0.0081

TABLEAU 3 : Comparaison théories de FREY-SALMON et BOLTZMANN

Viscosité du krypton, potentiel de LENNARD-JONES

$\sigma = 3.60$ Å, $\varepsilon/k = 175$ K

Zone de dissipation $x_F = 1.14$

Pression atmosphérique $\gamma = 1.225$

T	τ_{exp} $\times 10^{13}$	$\tau_{théorique}$ $\times 10^{13}$ F.S.	$\mu_{théorique}$ $\times 10^{4}$ F.S. H.K.	$\mu_{Boltzmann}$ $\times 10^{4}$ H.K.	$\Delta\mu/\mu$
200.00	0.3167	0.3050	0.1536	0.1596	-.0371
250.00	0.3176	0.3129	0.1926	0.1955	-.0146
300.00	0.3150	0.3135	0.2276	0.2288	-.0048
350.00	0.3109	0.3107	0.2597	0.2599	-.0007
400.00	0.3060	0.3063	0.2893	0.2890	0.0012
450.00	0.3007	0.3012	0.3170	0.3166	0.0014
500.00	0.2954	0.2959	0.3431	0.3426	0.0017
550.00	0.2902	0.2905	0.3679	0.3675	0.0012
600.00	0.2851	0.3853	0.3916	0.3913	0.0008
650.00	0.2801	0.2814	0.4142	0.4124	0.0046
700.00	0.2753	0.2752	0.4361	0.4364	-.0006
750.00	0.2708	0.2704	0.4572	0.4578	-.0013
800.00	0.2664	0.2659	0.4776	0.4785	-.0018
850.00	0.2622	0.2615	0.4974	0.4987	-.0025
900.00	0.2581	0.2573	0.5167	0.5184	-.0032
950.00	0.2543	0.2533	0.5355	0.5376	-.0039
1000.00	0.2505	0.2494	0.5538	0.5564	-.0046
1050.00	0.2470	0.2457	0.5717	0.5748	-.0053
1100.00	0.2436	0.2421	0.5893	0.5929	-.0061
1150.00	0.2403	0.2387	0.6064	0.6106	-.0067
1200.00	0.2372	0.2354	0.6233	0.6280	-.0074

TABLEAU 4 : Comparaison théorie de FREY-SALMON et BOLTZMANN
Viscosité de l'argon avec un même potentiel HANLEY-KLEIN
$\sigma = 3.292$ Å
$\varepsilon/k = 153$ K

T	τ_{exp} $\times 10^{13}$	$\tau_{théorique}$ $\times 10^{13}$	$\mu_{théorique}$ $\times 10^{4}$	$\mu_{Boltzmann}$ $\times 10^{4}$	$\Delta\mu/\mu$
200.00	0.3972	0.3526	0.1544	0.1740	-.1124
250.00	0.4081	0.3847	0.2034	0.2158	-.0574
300.00	0.4122	0.3999	0.2482	0.2559	-.0297
350.00	0.4125	0.4063	0.2896	0.2940	-.0149
400.00	0.4105	0.4075	0.3279	0.3304	-.0074
450.00	0.4073	0.4061	0.3637	0.3648	-.0028
500.00	0.4032	0.4030	0.3975	0.3977	-.0005
550.00	0.3987	0.3991	0.4294	0.4291	0.0008
600.00	0.3940	0.3945	0.4598	0.4593	0.0012
650.00	0.3891	0.3898	0.4889	0.4882	0.0016
700.00	0.3843	0.3849	0.5169	0.5161	0.0016
750.00	0.3794	0.3799	0.5438	0.5431	0.0013
800.00	0.3746	0.3751	0.5698	0.5692	0.0011
850.00	0.3700	0.3702	0.5950	0.5946	0.0007
900.00	0.3654	0.3655	0.6194	0.6193	0.0003
950.00	0.3609	0.3609	0.6432	0.6434	-.0002
1000.00	0.3566	0.3563	0.6664	0.6669	-.0007
1050.00	0.3524	0.3520	0.6890	0.6898	-.0011
1100.00	0.3483	0.3477	0.7111	0.7123	-.0016
1150.00	0.3443	0.3436	0.7327	0.7343	-.0021
1200.00	0.3405	0.3396	0.7539	0.7559	-.0026

TABLEAU 5 : Comparaison théorie de FREY-SALMON et BOLTZMANN
Viscosité du krypton avec le même potentiel HANLEY-KLEIN
σ = 3.509 Å
ε/k = 216 K

T	τ_{exp} $\times 10^{13}$	$\tau_{théorique}$ $\times 10^{13}$ F.S.	$\mu_{théorique}$ 10^4 F.S. H.K.	$\mu_{Boltzmann}$ 10^4 H.K.	$\Delta\mu/\mu$
200.00	0.4347	0.3301	0.1192	0.1571	-.2407
250.00	0.4583	0.3928	0.1673	0.1953	-.1429
300.00	0.4718	0.4308	0.2130	0.2333	-.0869
350.00	0.4792	0.4535	0.2558	0.2704	-.0537
400.00	0.4827	0.4666	0.2960	0.3063	-.0334
450.00	0.4837	0.4737	0.3338	0.3409	-.0207
500.00	0.4829	0.4765	0.3695	0.3745	-.0132
550.00	0.4809	0.4770	0.4033	0.4067	-.0081
600.00	0.4782	0.4760	0.4356	0.4376	-.0045
650.00	0.4749	0.4738	0.4664	0.4675	-.0023
700.00	0.4713	0.4708	0.4959	0.4965	-.0011
750.00	0.4674	0.4673	0.5243	0.5245	-.0002
800.00	0.4633	0.4634	0.5517	0.5517	0.0002
850.00	0.4592	0.4594	0.5783	0.5781	0.0004
900.00	0.4550	0.4552	0.6040	0.6037	0.0005
950.00	0.4508	0.4511	0.6289	0.6286	0.0006
1000.00	0.4467	0.4468	0.6532	0.6530	0.0004
1050.00	0.4425	0.4426	0.6769	0.6768	0.0002
1100.00	0.4384	0.4384	0.7000	0.7000	0.0000
1150.00	0.4344	0.4343	0.7225	0.7228	-.0003
1200.00	0.4305	0.4302	0.7446	0.7451	-.0006

TABLEAU 6 : Comparaison théorie de FREY-SALMON et BOLTZMANN
Viscosité du xénon avec le même potentiel HANLEY-KLEIN
$\sigma = 3.841$ Å
$\varepsilon/k = 295$ K

E. ENTROPIE ET IRREVERSIBILITE

Cette partie est essentiellement orientée vers l'explication des résultats obtenus précédemment. Mais on ne néglige pas pour cette raison la théorie de Boltzmann. Dans les deux cas, il a fallu briser le caractère réversible du système d'équations B.B.G.K.Y. à l'aide d'un postulat d'irréversibilité pour obtenir une équation compatible avec le second principe de la thermodynamique.

Les deux postulats qui ont retenu particulièrement l'attention sont celui du chaos moléculaire et celui de la relaxation linéaire.

Si le premier postulat, de Boltzmann, trouve aisément une concrétisation dans les travaux d'Hanley, le second posait encore des problèmes quant à la recherche de la zone qui, dans une collision entre deux particules pouvait traduire l'irréversibilité du processus.

"L'appréhension et la compréhension du second principe de la thermodynamique pouvait ouvrir la voie à cette nouvelle réflexion".

En effet, ce principe continue à exercer une fascination et son attrait particulier n'est pas dénué d'intérêt.

Ce second principe énoncé de manière si dramatique par Clausius nous met en présence d'un aspect du temps qui est ignoré tant en dynamique classique qu'en dynamique quantique. L'invariance des équations de la dynamique est caractérisée par rapport à l'inversion $t \to -t$. Le futur et le passé y jouent donc des rôles identiques. Mais en thermodynamique, les phénomènes sont irréversibles et la direction du temps est essentielle ; cette physique admet dans ses fondements les phénomènes de viscosité, de frottement, plus généralement de dissipation de travail en chaleur sous toutes les formes.

Le théorème H permet de tester l'irréversibilité constatée. Il concerne les gaz et les collisions à courte portée. Il suppose que la densité des molécules est telle que la collision de deux particules est probable mais que la rencontre entre trois soit beaucoup moins probable. D'une manière générale, la rencontre de deux particules est un phénomène que l'on peut décrire à l'aide de la mécanique des systèmes de points matériels. Et dans un premier temps, on ne se préoccupe pas de l'intervention que pourraient avoir d'autres molécules et on néglige pendant la durée du phénomène de dissipation, l'action que pourrait avoir ce champ appliqué.

Aussi, on peut définir les différentes phases de la rencontre :

- La première, lorsque les deux molécules se dirigent l'une vers l'autre,

- La seconde, quand l'effet des forces commence à se faire sentir, modifie les trajectoires et traduit des variations de vitesses des particules, c'est le plus important ; cette modification peut être brutale si les molécules sont à coeur dur, c'est le cas pour la théorie de Boltzmann ou la modification est progressive la dissipation relative à la collision s'effectuant dès le début de la rencontre dans la partie attractive, c'est la nouvelle hypothèse, la dernière, lorsque les molécules se séparent.

L'utilisation du théorème H* dans la théorie de Boltzmann permet de montrer l'accroissement de l'entropie**. Dans ce cas, chaque rencontre est caractérisée par la vitesse relative de deux molécules et par le paramètre d'impact qui est la distance minimum à laquelle parviendraient les deux centres moléculaires si aucune force ne s'exerçait entre les molécules intéressées. Prenant en compte, l'hypothèse du chaos moléculaire YVON montre, en utilisant le théorème H, que l'entropie de l'équation de Bolztmann croît au cours du temps.

Dans l'hypothèse de Boltzmann, les phénomènes d'interaction sont des collisions binaires et brutales, c'est-à-dire seule la partie violemment répulsive du potentiel intervient et entre les deux collisions les particules ne sont soumises à aucune force et suivent une trajectoire rectiligne. Il n'existe donc pas de corrélations avant la collision.

* Annexe 3 : Théorème H

** Les corrélations et l'entropie J.YVON.

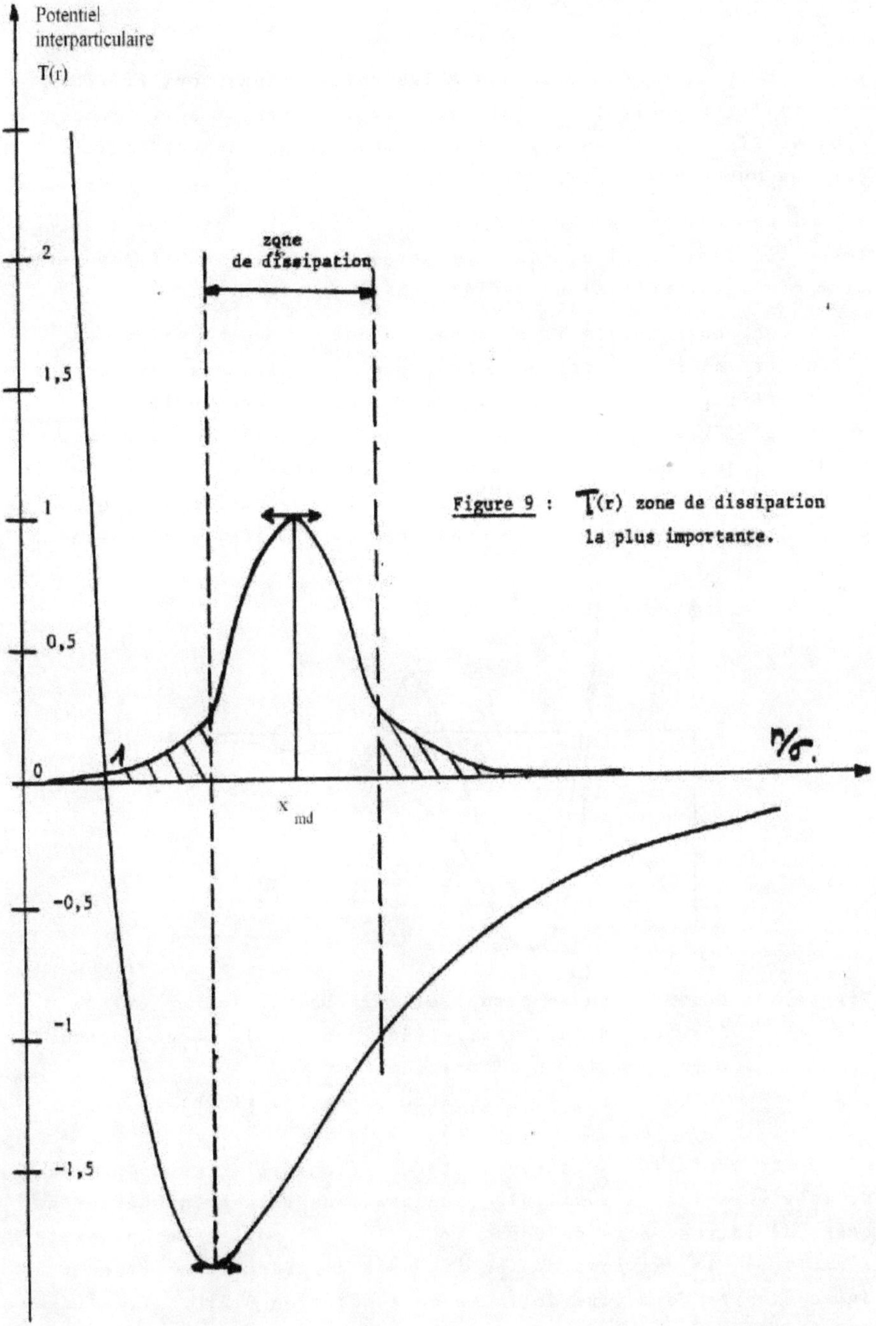

Figure 9 : T(r) zone de dissipation la plus importante.

M.Yvon en déduit donc que les corrélations sont créées pendant la rencontre, et s'atténue progressivement après la rencontre. Si l'hypothèse est valable pour des gaz dilués, elle ne peut en aucun cas servir d'appui pour une théorie de gaz denses.

Certes, le modèle de sphères rigides présente des avantages, les collisions binaires sont instantanées, et les multiples peuvent être négligés, mais il ne reflète pas la réalité.

Or, chacun sait le rôle que jouent les corrélations de vitesse et d'espace, ces dernières ont été calculées par Percus-Yevick (figures 10 et 11). Elles montrent en particulier que le potentiel dérivant de la force moyenne (figure 8) a une partie répulsive qui ne varie pas ou faiblement, alors que la zone où la force positive décroît, traduit d'importantes variations, quand la densité augmente. On peut le constater sur la figure ci-dessous.

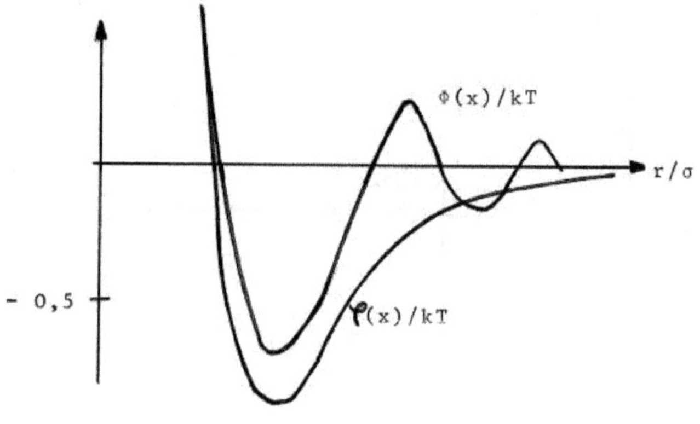

Figure 8 : Comparaison du potentiel interparticulaire $\varphi(r)$ de l'argon et du potentiel dérivant de la force moyenne $\Phi(r)$ T = 148 K ρ = 1 gcm^{-3}
(Liquid states Physics. Croxton Cambridge)

La variation négative de la différentielle fonctionnelle de la vitesse de la particule joue aussi un rôle prépondérant au cours de la rencontre de deux particules, et peut être en mesure d'expliquer la dissipation (et la perte d'information) et de traduire dans la fermeture de la seconde équation B.B.G.K.Y. l'irréversibilité.

L'utilisation du théorème H dans le cas de la théorie FREY-SALMON appliquée à la seconde équation de la hiérarchie pour montrer que l'accroissement d'entropie dans la zone de dissipation définie est maximum, semble peu judicieuse car il intègre plus que la collision, mais tout le milieu et traduit que le terme entropique ne peut que croître ou rester stationnaire.

Les résultats obtenus conduisent à penser que la dissipation qui précède le transfert d'énergie d'une particule à une autre s'effectue principalement dans la zone où la force interparticulaire décroît jusqu'à devenir nulle (figure 9). Après son signe change et elle devient répulsive.

C'est la zone où "un premier freinage" s'exerce sur la particule et où il peut y avoir dissipation.

Or, pour être en accord avec le principe de la conservation de l'énergie qui est le premier principe de la thermodynamique et avec le second principe qui lui est plus délicat d'interprétation et qui exprime l'irréversibilité sans en donner la cause, il est nécessaire de dissocier le phénomène d'onde de dissipation et l'équation de la dynamique qui permet de calculer le temps de relaxation (par simulation) associé à la seconde équation de la hiérarchie B.B.G.K.Y. qui traduit l'irréversibilité, seulement mathématiquement, en changent t en -t. L'énergie de cette onde de dissipation serait propre à chaque particule en mouvement dans le repère fictif. La distribution d'énergie T(r) serait supposée maximum dans la zone de dissipation définie par simulation.

Cette onde se forme lors de la collision, mais elle ne peut être exprimée à partir de l'équation de conservation, ni de la seconde équation de la hiérarchie car elles ne tiennent pas compte des effets électromagnétiques des dipôles et des effets quantiques. On comprend aussi la nécessité d'une simulation pour définir cette zone de dissipation. Cette énergie de dissipation décroît de part et d'autre de la zone pour devenir rapidement nulle.

La définition quantitative de T(r) demande une approche à l'aide de la théorie électromagnétique qui peut faire l'objet d'un important travail.

En résumé, cette onde de dissipation peut traduire l'irréversibilité dans cette zone qui traduit un accroissement de l'entropie.

L'équation de conservation et l'intégration des phénomènes statistiques dans B.B.G.K.Y. ne sont pas en mesure de mettre en évidence le phénomène d'émission de cette onde de dissipation propre "au premier freinage" de la particule, dont le caractère dissipatif ne peut être que déduit de la théorie électromagnétique et des forces intermoléculaires.

CONCLUSION

La méthode de simulation a permis de définir une zone de relaxation linéaire de la fonction de distribution double mais aussi un temps de dissipation. La comparaison des théories de Boltzmann et de "FREY-SALMON modifiée" en accord avec l'expérience a permis de concrétiser les résultats obtenus par la simulation.

Mais, cette partie attractive n'est pas en accord avec la théorie générale F.S. Avec la théorie de SALMON-HOFFMANN seule la partie répulsive permet de décrire le phénomène d'interaction ou la relaxation linéaire.

Cependant, la thèse exposée dans le paragraphe Entropie et Irréversibilité prend toute sa consistance quand on s'intéresse aux gaz denses. En effet, le rôle des corrélations est prépondérant et la thèse suivant laquelle seule la partie positive et répulsive du potentiel permet de calculer le temps de relaxation linéaire, n'est plus valable pour les gaz denses.

Elle supposerait que le temps de collision entre deux particules ne varierait pas ou très peu en fonction de la densité (figure 8). Or, ce n'est pas le cas. Le potentiel dérivant de la force moyenne ne varie pas ou peu dans cette zone positive du potentiel.

Il est aussi important de trouver une loi d'évolution ; seule une étude dynamique peut le faire et c'est ce que fait le théorème H de Boltzmann ; mais, il n'y parvient qu'au prix d'une hypothèse fondamentale supplémentaire, le chaos moléculaire, qui se superpose à la dynamique hamiltonienne et qui semble bien lui être irréductible.

C'est ce chaos qui, de l'avis de Boltzmann lui-même introduit l'élément d'irréversibilité qui manque à la dynamique hamiltonienne si l'on veut retrouver la croissance de l'entropie.

Mais la coexistence dans une même théorie, de la microréversibilité et de la loi de croissance de l'entropie soulève des difficultés dont nombreuses personnes sont jusqu'alors conscientes on peut résumer la notion de réversibilité apparente et irréversibilité cachée en trois points* :

"- l'irréversibilité est décrétée par le second principe

- les lois de la thermodynamique macroscopique expriment les propriétés moyennes d'un grand ensemble d'atomes

- les processus microscopiques dont ces atomes sont le siège, doivent être réversibles et seuls les processus macroscopiques peuvent être irréversibles."

Si les prémisses sont justes, la conclusion, elle, ne s'impose absolument pas, et ce dernier exemple suggère plutôt le contraire.

"Dans ce cas, il semble que derrière tout équilibre statistique se trouvent des microprocessus irréversibles qui relèvent d'un niveau plus profond de la description du phénomène".

Parallèlement à la description d'Einstein du mouvement brownien de micelles**, en faisant intervenir le freinage dû au fluide et par là-même, une irréversibilité au niveau du processus élémentaire, on décrit dans le paragraphe "Entropie et irréversibilité" la zone de premier freinage lors de la collision des deux particules.

Il apparaît, pour de nombreuses raisons, en particulier le calcul du temps de relaxation linéaire pour les gaz denses, que seule cette partie de "premier freinage" peut traduire une micro-irréversibilité.

---

* G.Lochak, l'Irréversibilité en Physique.
International Seminar on mathematical theory of dynamical systems and microphysics.

**A.Einstein, Investigations on the theory of the brownian movement Dover N.Y. 1956.

Dans le phénomène macroscopique irréversible de la diffusion, ainsi que dans l'apparition d'un équilibre thermodynamique des micelles d'Einstein, on ne peut l'expliquer théoriquement qu'en faisant intervenir au niveau microscopique, le processus irréversible du freinage, donc une "flèche microscopique du temps"*.

Dans ce cas présent, on admet aussi l'existence d'*une onde de dissipation de fonction $\mathcal{C}(\vec{K})$ associée à la collision* en accord avec les deux premiers principes de la thermodynamique, qui traduit la croissance de l'entropie et décrit le processus de micro-irréversibilité dû au premier freinage.

Mais, cette fonction $\mathcal{C}(\vec{K})$ ne peut être décrite par la dynamique ou les modèles statistiques ou probabilistes. Le recours à la théorie électromagnétique et des forces intermoléculaires devient nécessaire pour la définition de la zone de dissipation et expliquer une micro-irréversibilité des processus élémentaires, qui n'est pas incompatible avec l'entropie du théorème H qui est un cas particulier de la confirmation statistique et générale du second principe de la thermodynamique.

o o
o

---

*Georges Lochak, Irreversibilité en physique Fondation Louis de Broglie.

CHAPITRE II

GAZ MODEREMENT DENSES, DENSES ET LIQUIDES

Dans le précédent chapitre, la théorie cinétique était limitée aux gaz dilués et des relations entre les propriétés microscopiques des molécules et un coefficient de transport étaient obtenues.

Une double analyse était effectuée et opposait les théories de Boltzmann et Frey-Salmon dont les résultats étaient comparés aux grandeurs expérimentales de la viscosité des gaz neutres, avec un potentiel commun, celui de Hanley.

L'introduction à l'équation de Boltzmann et la discussion qui suit, montre que cette théorie doit être limitée aux gaz suffisamment dilués, puisque seules les collisions binaires sont prises en compte, et les dimensions moléculaires sont petites entre la distance moyenne de deux molécules.

Cependant, ces conditions limites ne sont pas applicables aux gaz denses et aux liquides, et cette première théorie ne peut être appliquée ; pourtant un certain nombre de tentatives ont été faites pour donner une extension à la théorie de Boltzmann. La théorie d'Enskog est une des premières, mais elle est valable uniquement pour des sphères dures !

Une seconde théorie, qui s'efforce de développer une généralisation de l'équation de Boltzmann dérivée de l'équation de Liouville, a montré que la supposition du "chaos moléculaire" ne peut pas toujours être valable et que les particules deviennent en fait, de plus en plus corrélées à mesure que la densité du gaz augmente.

Cette généralisation, développée par Chapman-Enskog et limitée au premier ordre pour les gradients spatiaux, a permis d'obtenir l'expression des coefficients de transport.

Dans la second théorie abordée, dans le premier chapitre, l'équation cinétique F.S., il est possible de faire une extension à partir de la fermeture, des gaz dilués aux gaz denses.

En effet, l'équation cinétique Frey-Salmon contenant des grandeurs macroscopiques, il est possible de la résoudre par une méthode des moments et d'obtenir ainsi un jeu d'équations de la mécanique des fluides. Or, en mettant τ en facteur devant les intégrales de (I.26), car cette quantité ne dépend ni de $\vec{x}_2$, ni de $\vec{w}_2$, on obtient une nouvelle forme de l'équation F.S. qui est identique à l'équation de Fokker-Planck :

$$\frac{\partial f_1}{\partial t} + \vec{w}_1 . \frac{\partial f_1}{\partial \vec{x}_1} + \frac{\vec{X}_1}{m} \frac{\partial f_1}{\partial \vec{w}_1} + n_1 \frac{\partial f_1}{\partial \vec{w}_1} \int \frac{\vec{X}_{12}}{m} \left[1 - \tau \left(\frac{\partial}{\partial t} + \vec{v}_1 . \frac{\partial}{\partial \vec{x}_1} + \vec{v}_2 . \frac{\partial}{\partial \vec{x}_2} \right) \right] \psi_{12} \underline{dx}_2 - \tau n_1 \int \frac{\vec{X}_{12}}{m} . \frac{\partial}{\partial \vec{w}_1} \left(\vec{V}_1 f_1 + \frac{kT}{m} \frac{\partial f_1}{\partial \vec{w}_1} \right) . \frac{\partial \psi_{12}}{\partial \vec{x}_1} \underline{dx}_2 = 0 \qquad \text{(II.1)}$$

Ainsi, on mettra en évidence le tenseur de pression interparticulaire. L'équation générale permet donc le calcul de la viscosité d'un gaz dense en tenant compte de la pression interparticulaire.

1. EXPRESSION DE L'EQUATION CINETIQUE F.S. GENERALE

Pour calculer le coefficient de viscosité interparticulaire, on doit avoir recours à l'expression générale de l'équation cinétique, afin de mettre en évidence le tenseur de pression cinétique.

L'expression de la fermeture F.S.

$$f_{12} = f_1 f_2 \psi_{12} - \tau \Big\{ f_1 f_2 \frac{\partial \psi_{12}}{\partial t} + f_2 \left(\vec{w}_1 f_1 + \frac{kT}{m} \frac{\partial f_1}{\partial \vec{w}_1} \right) . \frac{\partial \psi_{12}}{\partial \vec{x}_1} + f_1 \left(\vec{w}_2 f_2 + \frac{kT}{m} \frac{\partial f_2}{\partial \vec{w}_2} \right) . \frac{\partial \psi_{12}}{\partial \vec{x}_2} \Big\} \qquad \text{(II.2)}$$

permet d'obtenir l'équation généralisée en reportant (II.2) dans la seconde équation, puis dans la première équation du système B.B.G.K.Y.* :

---

* Thèse d'Etat J.FREY, Orsay, Physique des Plasmas.

$$\frac{\partial f_1}{\partial t} + \vec{w}_1 \frac{\partial f_1}{\partial \vec{x}_1} + \frac{\vec{X}_1}{m}\frac{\partial f_1}{\partial \vec{w}_1} + n_1 \frac{\partial f_1}{\partial \vec{w}_1} \int \frac{\vec{X}_{12}}{m}\left[1 - \tau\left(\frac{\partial}{\partial t} + \vec{v}_1 . \frac{\partial}{\partial \vec{x}_1}\right.\right.$$

$$\left.\left. + \vec{v}_2 . \frac{\partial}{\partial \vec{x}_2}\right)\right] \psi_{12} \underline{dx}_2 - \tau n_1 \int \frac{\vec{X}_{12}}{m} . \frac{\partial}{\partial \vec{w}_1}\left(\vec{V}_1 f_1 + \frac{kT}{m}\frac{\partial f_1}{\partial \vec{w}_1}\right) . \frac{\partial \psi_{12}}{\partial \vec{x}_1} \underline{dx}_2 = 0$$

C'est donc la fermeture FREY-SALMON (chapitre I.2A) qui conduit à cette nouvelle équation cinétique.

2. CALCUL DES COEFFICIENTS DE VISCOSITE INTERPARTICULAIRE

Rappelons que la première équation de B.B.G.K.Y. conduit à l'équation de la conservation de la quantité de mouvement* :

$$nm\left[\frac{\partial}{\partial t} + \vec{v} . \frac{\partial}{\partial \vec{x}}\right]\vec{v} = n\vec{X} - \frac{\partial}{\partial \vec{x}} . \vec{P} \qquad \text{(II.3)}$$

Le tenseur de pression totale $P_{k\ell}$ est la somme des tenseurs de pression cinétique $p_{k\ell}$ et de pression interparticulaire $\pi_{k\ell}$ définis par les relations :

$$p_{k\ell} = m \int V_k V_\ell \, f dw$$

et $$- \frac{\partial}{\partial \vec{x}} . \vec{\pi} = \int n_{12} \vec{X}_{12} \underline{dx}_2$$ s'écrit en notations tensorielles

$$- \frac{\partial \pi_{ki}}{\partial x_i} = \int n_{12} X_{k,12} \underline{dx}_2 \qquad \text{(II.4)}$$

L'équation généralisée F.S. (II.1) conduit aussi à l'expression (II.3) en faisant apparaître le terme de pression interparticulaire :

$$\frac{\partial}{\partial \vec{x}} . \vec{\pi} = n^2 \int \vec{X}_{12}\left[1 - \tau\left(\frac{\partial}{\partial t} + \vec{v}_1 . \frac{\partial}{\partial \vec{x}_1} + \vec{v}_2 . \frac{\partial}{\partial \vec{x}_2}\right)\right] \psi_{12} \underline{dx}_2 \qquad \text{(II.5)}$$

et dans ce cas, ce terme n'est pas nul. En intégrant, le tenseur de pression interparticulaire dans le cas d'un milieu homogène est donné par la relation :

*Yvon, Les corrélations et l'entropie, Dunod
Delcroix, Physique des Plasmas, Dunod.

$$\pi_{k\ell} = -\frac{n^2}{2}\int X_{k,12} r_\ell \left[\psi_{12} - \tau\left(\frac{\partial\psi_{12}}{\partial t} + (\vec{v}_2-\vec{v}_1)\frac{\partial\psi_{12}}{\partial\vec{r}}\right]dr. \quad \text{(II.6)}$$

En intégrant (II.2) par rapport à la quantité de mouvement, on trouve une expression de la densité double :

$$n_{12} = n^2\psi_{12} - \tau n^2\left[\frac{\partial\psi_{12}}{\partial t} - \vec{v}_1.\frac{d}{d\vec{r}}\psi_{12} + \vec{v}_2.\frac{d}{d\vec{r}}\psi_{12}\right] \quad \text{(II.7)}$$

On peut simplifier l'expression (II.7) en supposant $\frac{\partial v_i}{\partial x_j}$ constant, et en considérant que dans le domaine des forces interparticulaires la vitesse hydrodynamique varie de telle manière qu'on puisse se limiter au premier ordre :

$$v_{i,2} = v_{i,1} + (\vec{x}_2-\vec{x}_1)\frac{\partial v_{i,1}}{\partial\vec{x}_1} \quad \text{(II.8)}$$

Si l'on pose

$$\pi_o = -\frac{2\pi}{3}n^2\int_o^\infty \psi\frac{d\varphi}{dr}r^3dr \quad \text{(II.9)}$$

il vient :

$$\pi_{k\ell} = \pi_o\delta_{k\ell} + \frac{\tau}{2}n^2 \int \frac{r_k r_\ell}{r} \quad \frac{d\varphi}{dr}\frac{d\psi}{dt}\underline{dr}$$

$$+ \frac{\tau}{2}n^2\frac{\partial v_i}{\partial x_j}\int\frac{r_k r_\ell r_i r_j}{r^2}\frac{d\varphi}{dr}.\frac{d\psi}{dr}\underline{dr} \quad \text{(II.10)}$$

Si la température est stationnaire, $\frac{\partial\psi}{\partial t} = \frac{\partial\psi}{\partial n}.\frac{\partial n}{\partial t} = -\frac{\partial\psi}{\partial\log n}\frac{\partial}{\partial\vec{x}}.\vec{v}.$

La relation $$C = -\frac{4\pi}{15kT}\int_o^\infty \frac{d\varphi}{dr}.\frac{d\psi}{dr}r^4dr \quad \text{(II.12)}$$

permet d'obtenir $\pi_{k\ell}$ quand $k \neq \ell$,

$$\pi_{k\ell} = -\frac{\tau kT}{2}Cn^2\left[\frac{\partial v_k}{\partial x_\ell} + \frac{\partial v_\ell}{\partial x_k}\right] \quad \text{(II.13)}$$

pour $k = \ell$

$$\pi_{kk} = \pi_o - \tau kTCn^2\frac{\partial v_k}{\partial x_k}$$

$$-\frac{\partial}{\partial\vec{x}}.\vec{v}\left[\frac{2\pi}{3}\tau n^2\int_o^\infty\frac{\partial\psi}{\partial\log n}.\frac{d\varphi}{dr}r^3dr + \frac{\tau kTn^2C}{2}\right] \quad \text{(II.14)}$$

On en tire l'expression des coefficients de viscosité interparticulaire :

$$\mu_{in} = \frac{\tau kTCn^2}{2} \qquad (II.15)$$

et

$$\chi_{in} = \frac{5}{3}\mu_{in} + \frac{2}{3}\pi\tau n^2 \int_0^\infty \frac{\partial\psi}{\partial \log n}.\frac{\partial \Upsilon}{dr}\, r^3 dr \qquad (II.16)$$

Par conséquent, l'équation générale F.S. conduit seule aux expressions des coefficients de viscosité cinétique et interparticulaire d'un gaz dense.

3. RAPPELS DE LA THEORIE D'ENSKOG

Deux théories cinétiques rigoureuses des gaz dilués qui ont été discutées dans le chapitre précédent sont basées respectivement sur la théorie de Boltzmann et de Frey-Salmon.

Dans la première, il est supposé qu'il y a seulement des collisions binaires et que le diamètre moléculaire σ est petit comparé à la distance moyenne entre deux molécules.

Ces deux hypothèses sont certainement valables dans le cas des gaz dilués, comme on a essayé de le montrer, mais dans le cas de gaz denses, elles doivent être reconsidérées.

Sur cette base, Enskog a été le premier à faire un effort dans cette direction, en développant une théorie de gaz denses à partir de sphères dures. En ne considérant que les collisions binaires, il a été en mesure de décrire une théorie de gaz denses sur la base d'une théorie des gaz dilués précédemment décrite. Quand le gaz est comprimé, il y a deux effets qui deviennent importants, (car on doit tenir compte du volume des particules) :

- le transfert des quantités de mouvement et d'énergie pendant la collision
- le taux de collisions.

χ dans la suite des calculs sera un facteur relatif à la probabilité de collision. Cependant, ce facteur χ peut être intimement lié à l'équation d'état :

$$p = nkT(1 + b_o\chi) \qquad (II.17)$$

où $b_o = \frac{2}{3}\pi n\sigma^3$.

L'équation de Boltzmann est obtenue pour une fonction de distribution $f(\vec{x},\vec{w},t)$ en utilisant des arguments physiques et géométriques, une analyse similaire est utilisée dans le cas de gaz denses. De ce fait, il est clair que le membre de gauche de l'équation de Boltzmann reste inchangé alors que le terme intégral est modifié à cause du volume des molécules.

La fréquence des collisions dans l'élément de volume relatif à dx sur x dans lequel les vitesses des particules sont dans le domaine dw sur w et les paramètres de collision sont db sur b et $d\varepsilon$ sur ε, est :

$$f(\vec{x},\vec{w})f_1(\vec{x},\vec{w}_1)gbdbd\varepsilon d\vec{w}d\vec{w}_1 d\vec{x} \; . \qquad (II.18)$$

Mais, deux modifications doivent être faites pour tenir compte des réflexions précédentes.

Si une molécule se trouve en $\vec{x}$, le centre de la seconde est en $(\vec{x}-\sigma\vec{K})$ où $\vec{K}$ est le vecteur unité porté par l'axe reliant les deux molécules au moment de la collision. Et la fonction de distribution sera évaluée au point $(\vec{x}-\sigma\vec{K})$. Aussi, le volume par molécule est de l'ordre de $\frac{4}{3}\pi(\frac{\sigma}{2})^3$. Par conséquent, le volume dans lequel peut se trouver le centre d'une molécule, est réduit, et la probabilité de collision est plus grande. La fréquence de collision est fonction du facteur χ qui lui dépend pour des sphères dures uniquement de la densité*.

La fonction χ est évaluée au point de contact de deux molécules, c'est-à-dire à $(\vec{x} - \frac{1}{2}\sigma\vec{K})$. L'expression (II.18) devient :

$$\chi(\vec{x} - \tfrac{1}{2}\sigma\vec{K},t)f(\vec{x},\vec{w},t)f_1(\vec{x}-\sigma\vec{K},\vec{w}_1,t)gbdbd\varepsilon d\vec{w}d\vec{w}_1 d\vec{x} \; . \qquad (II.19)$$

L'équation de Boltzmann pour les gaz denses devient :

$$\frac{\partial f}{\partial t} + (\vec{w}.\frac{\partial f}{\partial \vec{x}}) + \frac{\vec{X}}{m}.\frac{\partial f}{\partial \vec{w}} =$$

$$\iiint \begin{bmatrix} \chi(\vec{x}+\tfrac{1}{2}\sigma\vec{K})f(\vec{x},\vec{w}')f_1(\vec{x}+\sigma\vec{K},\vec{w}_1') \\ -\chi(\vec{x}-\tfrac{1}{2}\sigma\vec{K})f(x,\vec{w})f_1(\vec{x}-\sigma\vec{K},\vec{w}_1) \end{bmatrix} gbdbd\varepsilon d\vec{w}_1 \; .(II.20)$$

*Chapman et Cowling,
The mathematical theory of non uniform gases.

On peut encore exprimer cette équation en développant les fonctions $f(\vec{x}+\sigma\vec{K},\vec{w},t)$ et $\chi(\vec{x}+\frac{1}{2}\sigma\vec{K},t)$ en série de Taylor :

$$\frac{\partial f}{\partial t} + \vec{w}.\frac{\partial f}{\partial \vec{x}} + \frac{\vec{X}}{m}.\frac{\partial f}{\partial \vec{w}} = J_1 + J_2 + J_3 \ldots\ldots$$

où :

$$J_1 = \chi\iiint\{f'f_1' - ff_1\}gbdbd\varepsilon d\vec{w}_1$$

$$J_2 = \sigma\chi\iiint(\vec{K}.\{f'\frac{\partial f_1'}{\partial \vec{x}} + f\frac{\partial f_1}{\partial \vec{x}}\})gbdbd\varepsilon d\vec{w}_1$$

$$J_3 = \frac{1}{2}\sigma\iiint(\vec{K}.\frac{\partial \chi}{\partial \vec{x}})\{f'f_1' + ff_1\}gbdbd\varepsilon d\vec{w}_1 \ . \qquad \text{(II.21)}$$

Après de nombreux calculs et en utilisant les propriétés des équations de transport des gaz denses, l'expression (II.21) permet de définir le coefficient de viscosité avec la théorie d'Enskog* :

$$\mu = \frac{1}{\chi}\left(1 + \frac{8}{15}\pi n\sigma^3\chi + 0{,}761\left(\frac{2}{3}\pi n\sigma^3\chi\right)^2\right)\mu_{P.A.} \qquad \text{(II.22)}$$

4. ROLE DES CORRELATIONS

A mesure que la densité de particules à l'intérieur d'un volume augmente et permet de dépasser la pression atmosphérique, la seule approximation $g(x) = \exp\left[-\varphi(r)/kT\right]$** devient insuffisante.

En effet, la détermination des forces atomiques dans les gaz inertes devient de plus en plus intéressante. Leur connaissance est essentielle pour la description des propriétés thermodynamiques et de transport des gaz denses.

Par conséquent, le calcul des fonctions thermodynamiques pour un fluide dense en équilibre doit être pensé de manière à présenter le problème simplement, ne serait-ce que d'un point de vue théorique. Une approximation statique des corrélations est appropriée à la structure d'un fluide simple où l'interaction des forces entre les molécules est double ; elle est représentée par la fonction de distribution radiale g(r).

---

* Hirschfelder Molecular theory of gases and liquids

** $\varphi(r)$ potentiel interparticulaire.

Dans ces calculs, on suppose par simplification que le fluide est composé d'une espèce de molécules et que chaque molécule possède la symétrie sphérique, sans degré interne de liberté

Généralement, on présente l'aspect physique des corrélations sous la forme de l'influence d'une molécule, dite particule 1 sur une seconde particule 2 qui est la combinaison de deux effets séparés .

On considère un premier effet de la molécule 1 sur la molécule 2 qu'on appellera effet direct, et un second effet lui, indirect de la molécule 1 sur 2 à travers l'effet intermédiaire de la molécule 1 sur les molécules 3,4,...N*, avec un effet en conséquence, de ces molécules sur la molécule 2 ; ceci revient aux forces exercées par un champ appliqué sur le milieu constitué par les molécules. Cet argument a été utilisé pour définir une fonction de corrélation directe c(r) entre deux particules distantes de r.

Ce concept de corrélation directe a été développé par Ornstein-Zernicke. Il est particulièrement important à cause de sa signification physique pour deux molécules du fluide ; il permet surtout d'accéder aux fonctions de corrélations. Si on considère $n_1[x_1,\phi]$ la densité simple de particules comme une fonctionnelle, et la variable fonction ϕ comme une perturbation potentielle, l'équation bien connue d'Ornstein-Zernicke** s'écrit :

$$\alpha_{12}[\vec{x}_1,\vec{x}_2,\phi] = c_{12}[\vec{x}_1,\vec{x}_2\phi] + \int n_1[\vec{x}_3,\phi]c_{12}[\vec{x}_2,\vec{x}_3,\phi].\alpha_{12}[\vec{x}_1,\vec{x}_3,\phi]\underline{dx}_3 \quad \text{(II.23)}$$

où $\alpha_{12}(x) = g(x) - 1$.

Cette équation lie la notion de corrélation directe et indirecte. Elle servira pour la détermination de la fonction g(x).

---

* Mémoire d'ingénieur C.N.A.M. E. Ternon, 1977

**Ornstein-Zernicke, Proc.Acad.Science Amst. 17, 793 (1934).

Equation intégrale de Percus-Yevick

De nombreux travaux ont été réalisés pour aboutir à la détermination de la fonction de corrélation double. Le caractère de récurrence des systèmes d'équations oblige à un moment ou à un autre de faire une approximation. En utilisant la théorie des fonctionnelles, et en développant une fonctionnelle en série de Taylor, on tronque ce développement après le premier ordre.*

Cette méthode permet de répondre en physique statistique théorique à un problème fondamental qui est le calcul des propriétés thermodynamiques résultant d'une interaction entre les particules. Nous savons comment déterminer les fonctions thermodynamiques théoriques $\mathcal{F}$ telles que la compressibilité y, l'énergie interne U, l'entropie S etc... qui sont des fonctions de la densité et de la température (n,T).

Aussi, est-il nécessaire de définir d'une manière précise le potentiel interparticulaire $\varphi(r)$ et la fonction de distribution radiale g(r).

A la suite de ce raisonnement, en utilisant la notion fondamentale de fonctionnelle, on peut écrire toute grandeur thermodynamique sous la forme :

$$y, U, S... = \mathcal{F}\left[\varphi(r), g(r); r\right] \qquad (II.24)$$

Les différentes études de Hanley-Klein, Maitland et Barker-Fisher-Watts*, donnent de très bons résultats pour le potentiel de l'argon dans le cas du second coefficient du viriel et du coefficient de viscosité au sens de Boltzmann à pression atmosphérique. Le potentiel de Lennard-Jones, peut-être d'une simplicité plus grande, donne des résultats en bon accord, mais dans un domaine de température plus restreint.

Mais son utilisation reste cependant aisée. En vue d'utiliser* ce type d'équation intégrale non linéaire, ce dernier potentiel suffira dans un domaine de températures et de pressions raisonnables.

---

*Mémoire d'ingénieur C.N.A.M. E.Ternon, 1977.

Le but de cette équation est en fait d'isoler certaines variables qualitatives prédominantes qui représentent les caractéristiques du milieu physique aussi bien que possible, car une analyse d'un état est impossible dans sa totalité.

En utilisant le théorème de Taylor, introduisons la fonctionnelle $F[y(t)]$ avec $\delta y(t) = \varepsilon\rho(t)$ représentant une variation :

$$F[y(t)+\rho(t)] = F[y(t)] + \int_a^b F'[\xi_1, y(t)]\rho(\xi_1)d\xi_1 + \frac{1}{2}\iint_a^b F''[\xi_1,\xi_2;y(t)]\rho(\xi_1)\rho(\xi_2)d\xi_1 d\xi_2 + \dots \qquad (II.25)$$

On peut introduire une nouvelle fonctionnelle définie au point ξ_2 :

$$\delta y(t) = G[\xi_2, y(t)] - G[\xi_2] \qquad (II.26)$$

au point $t = \xi_2$
$qdy(t) \to 0$.

Elle est transformée en fonction quand $y(t)$ est considéré fixé ; il s'en suit que :

$$F[\xi_1, y(t)] = F[\xi_1] + \int_a^b d\xi_2 \left\{G[\xi_2, y(t)] - G[\xi_2]\right\} \times \left\{\frac{\partial F[\xi_1, y(t)]}{\delta G[\xi_2, y(t)]}\right\}_{y(t)=0} + \frac{1}{2}\iint_a^b d\xi_2 d\xi_3 \left\{G[\xi_2, y(t)] - G[\xi_2]\right\} \times \left\{G[\xi_3, y(t)] - G[\xi_3]\right\}\cdot_{y(t)=0} \left\{\frac{\delta^2 F[\xi_1, y(t)]}{\delta G[\xi_2, y(t)].\delta G[\xi_3, y(t)]}\right\} \dots \qquad (II.27)$$

Dans les calculs qui suivront, on limite la précédente formule au premier ordre sans véritable raison physique. En outre, on considère une perturbation venant d'une particule $\vec{x}_o$:

$$\phi = \sum_{i=1}^{N} \phi_i = \sum_{i=1}^{N} \varphi(|\vec{x}_i - \vec{x}_o|) \qquad (II.28)$$

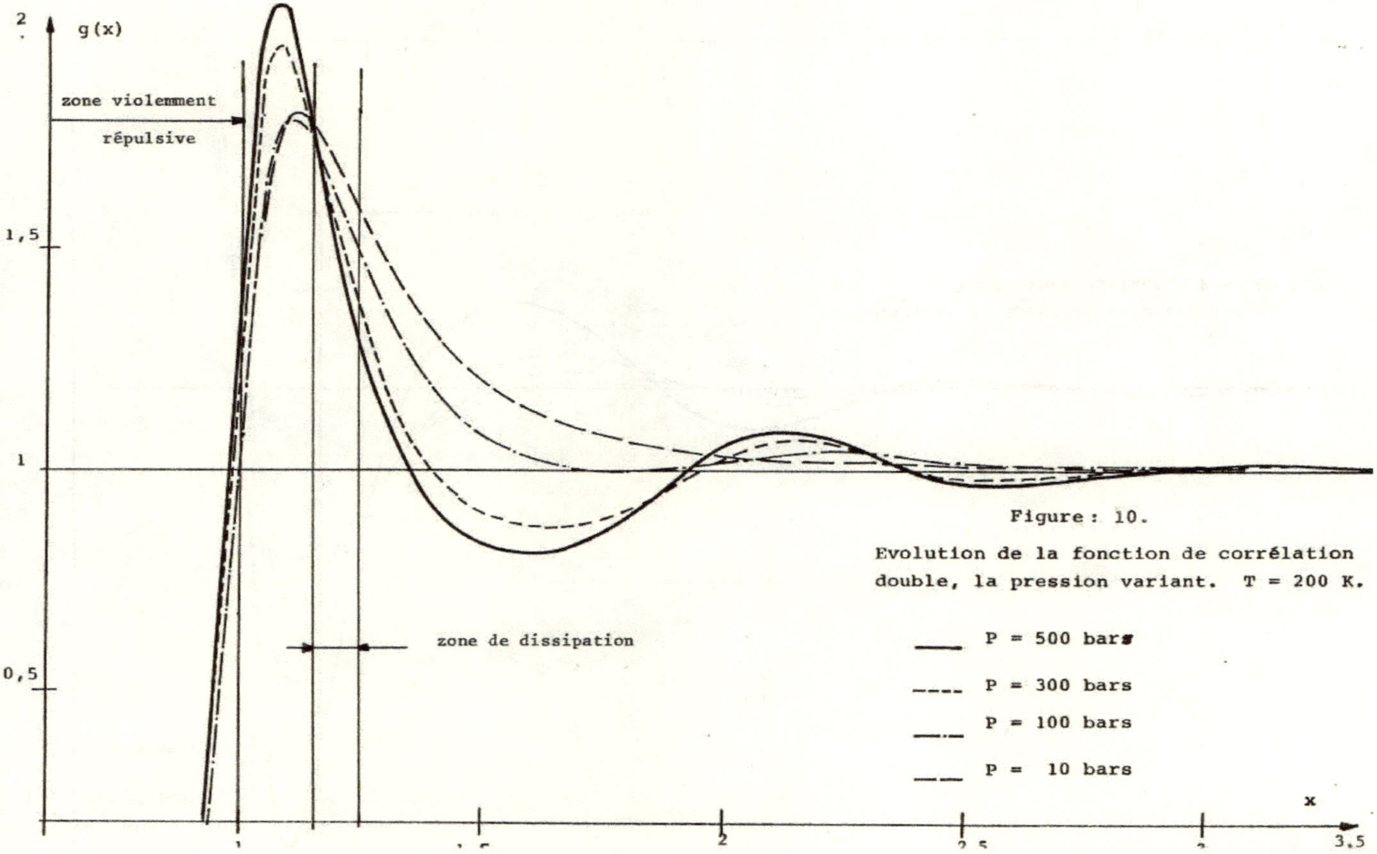

Figure : 10.

Evolution de la fonction de corrélation double, la pression variant. T = 200 K.

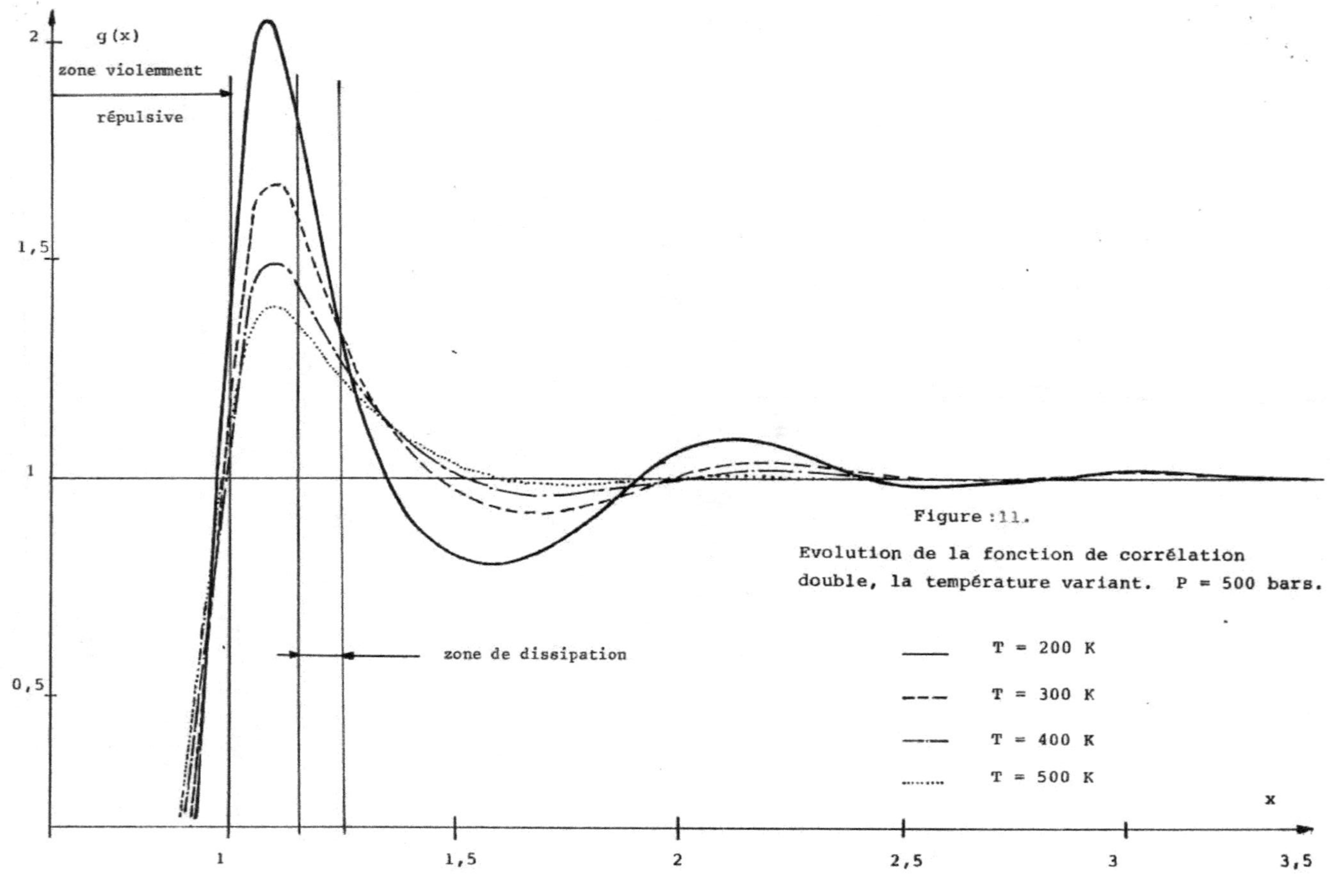

Figure :11.

Evolution de la fonction de corrélation double, la température variant. P = 500 bars.

On peut obtenir l'équation de Percus-Yevick en posant :

$$G_1[\vec{x},\phi] = n_1[\vec{x},\phi]$$

$$F_1[\vec{x},\phi] = n_1[\vec{x},\phi]\exp \beta\varphi_{01}.$$

En introduisant (II.27) dans (II.23), et après quelques calculs on obtient la fameuse équation P.Y. :

$$g(r)e^{\beta\varphi(r)} = 1 + n\int ds(1-e^{\beta\varphi(r)})g(s).\left(g(|\vec{r}-\vec{s}|) - 1\right) \quad \text{(II.29)}$$

avec $g(r) = \sigma(r)e^{-\beta\varphi(r)}$ on obtient une autre forme de l'équation :

$$\sigma(r) = 1 + n\int(e^{-\beta\varphi(s)} - 1)(e^{-\beta\varphi(|\vec{r}-\vec{s}|)}\sigma(|\vec{r}-\vec{s}|) - 1)\sigma(s)ds \quad \text{(II.30)}$$

Les figures (10 et 11) montrent la forme des fonctions-solutions de ces équations intégrales pour différentes températures et pressions dans le cas d'un potentiel réaliste (Lennard-Jones σ = 3.405 Å, argon).

5. CALCUL DU TEMPS DE RELAXATION DE LA FONCTION DE DISTRIBUTION DOUBLE DANS LE CAS D'UN GAZ DENSE

L'expression définie au chapitre 1 conduit à des calculs relativement compliqués, lorsqu'il s'agit d'extraire τ de l'équation de conservation de l'énergie dans le cas de gaz denses :

$$\frac{m}{4}(\dot{r}^2 + r^2\omega^2) + \varphi(r) + \Delta\Phi[\varphi(r),n,T] = \frac{1}{4}mv^2.$$

En effet, on doit faire intervenir un potentiel dérivant d'une force moyenne qui peut être défini à l'aide de la fonction de distribution radiale du type Percus-Yevick. Le calcul de l'intégrale triple dans le temps τ est déjà long sans y ajouter la résolution d'une équation intégrale non linéaire.

Cependant, le temps de relaxation linéaire peut s'exprimer en fonction du temps τ à pression atmosphérique et de $n\sigma^3$ * :

---

*Thèse d'Etat, Frey, 1970.

$$\tau = \tau_{P.A.} f(n\sigma^3) \qquad (II.31)$$

Dans un premier temps, et dans un domaine limité de pressions, cette approximation est suffisante.

L'encombrement devenant de plus en plus important, pour évaluer ce temps dans le cas d'un gaz modérément dense et dense on doit tenir compte des collisions binaires mais aussi des collisions ternaires, quaternaires... On peut ainsi établir une relation linéaire, entre τ et $n\sigma^3$ en première approximation.

Cette relation s'écrit :

$$\tau = \tau_{P.A.}(1 - \theta n\sigma^3) \qquad (II.32)$$

dans laquelle on affecte le coefficient θ, dont la valeur sera définie par la suite.

On peut expliquer cette relation en introduisant les coefficients d'occupation par exemple. Le but est de choisir un problème à deux corps, plus exactement la superposition d'une multitude de problèmes à deux corps, à la place du problème à N corps que l'on ne sait pas résoudre. Sur le plan physique, ce raisonnement est beaucoup moins rigoureux. Mais, la pénétration de deux particules dans la sphère d'interaction d'une troisième "au même moment" a une probabilité très faible de se produire à plus forte raison pour trois ou quatre.

On peut aussi introduire de manière phénoménologique la notion de covolume*. Celui-ci permet de définir le facteur θ. On peut le justifier de la manière suivante : la théorie repose sur le fait que le développement en f_{123} relatif aux corrélations de vitesse joue un rôle mais pour être rigoureux, il est nécessaire d'ajouter un terme intégral portant sur la quatrième particule. Lorsque l'ensemble des quatre particules sont en contact, la quatrième avec l'une des trois autres, ce terme devient très complexe.

Ainsi, considérons en première approximation trois sphères dures de diamètre σ en interaction au même instant. Le point de

---

* J.SALMON , Ann.Inst. Henri Poincaré, Vol.XXVII, n°1, 1977, p.73.

contact des sphères 1 et 3 peut être situé dans un large domaine autour de 2. Le cas de la figure représente une position moyenne.

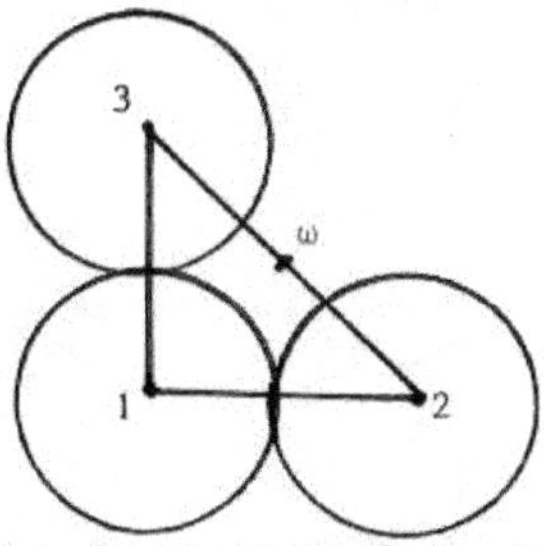

ω est le milieu du segment 2-3, la distance de ce point au point 3 est égale à $\frac{\sqrt{2}}{2}\sigma$ et sa distance moyenne à une molécule du fluide est égale au libre parcours moyen $\ell = \frac{1}{\sqrt{2}\pi n\sigma^2}$. Le rapport des deux distances est $\frac{\pi}{2}n\sigma^3$. J.Salmon admet que les collisions triples accroissent le terme de corrélation de vitesse d'un facteur $(1 + \frac{\pi}{2}n\sigma^3)$. Les collisions quadruples multiplient à leur tour $\frac{\pi}{2}n\sigma^3$ par $(1 + \frac{\pi}{2}n\sigma^3)$. Et en tenant compte de la $n^{\text{ième}}$ particule, on obtient une progression géométrique de la forme :

$$S = 1 + q + q^2 + \dots q^{n-1}$$

où

$$q = \frac{\pi}{2}n\sigma^3 \quad \text{est la raison.}$$

Cette somme s'écrit :

$$S = \frac{q^n - 1}{q - 1} \quad \text{qd } n \to \infty \quad S = \frac{1}{1-q} \ .$$

En revanche, pour être valable cette relation doit répondre au critère suivant :

$$\frac{\pi}{2}n\sigma^3 < 1$$

c'est-à-dire que $n\sigma^3 < \frac{2}{\pi} = 0,63$.

Dans le cas de l'argon on obtient pour n , $1,6.10^{28}$ m^{-3}. Il peut correspondre une pression de 500 bars et une température de 200 K

d'où $$S = \frac{1}{1 - \frac{\pi}{2}n\sigma^3}$$

On peut ainsi à partir de cette relation approchée exprimer l'évolution du temps τ de relaxation en fonction de la densité

$$\tau = \tau_{P.A.}(1 - \frac{\pi}{2}n\sigma^3). \qquad \text{(II.33)}$$

On voit donc que le modèle est limité par une condition de convergence de la progression géométrique et en toute rigueur l'explication physique laisse quelque peu d'incertitudes quant à la description de la réalité physique.

Dans une étude plus approfondie, ce problème pourrait être résolu par l'introduction de coefficients d'occupation dont le but est de substituer un problème à N corps par la superposition de problèmes à deux corps.

6. COMPARAISON DE LA THEORIE F.S. ET ENSKOG AVEC L'EXPERIENCE DE MICHELS POUR UN GAZ DENSE

Le coefficient de viscosité de l'argon a été mesuré par Michels* dans un domaine de pressions de 1 bar à 2000 bars par une méthode du tube capillaire à la tempérautre de 298.16 K. Les résultats de cette mesure ont été comparés avec des valeurs calculées à partir des formules théoriques de ENSKOG et F.S. pour les gaz denses.

Les résultats des mesures et des calculs sont donnés dans la table suivante et représentés sur la figure 12. Le coefficient de viscosité a été tracé comme une fonction de la pression.

Une comparaison de la théorie F.S. avec une autre théorie s'imposait puisque celle-ci n'a jamais été faite dans le cas de gaz denses avec des potentiels réalistes du type Lennard-Jones ou Hanley-Klein.

L'introduction d'une équation aux corrélations du type Percus-Yevick n'est pas accessoire, mais devient nécessaire comme le montrent les résultats des tableaux (7,8,9). C'est seulement à ce prix que l'on peut dire si une théorie de gaz denses peut être en accord avec la réalité physique.

---

*Michels, A.Physica XX 1141, 1954

- Les rappels de la théorie d'ENSKOG*,** pour les gaz denses montrent dans ce cas, qu'il est nécessaire de supposer que les molécules sont des sphères dures élastiques ; ENSKOG a trouvé l'expression suivante issue de (II.22) pour les coefficients de viscosité

$$\mu = \mu_{P.A.} b\rho[1/b\rho\chi + 0.8 + 0.7614 b\rho\chi] \qquad (II.35)$$

Dans cette formule, $\mu_{P.A.}$ est le coefficient de viscosité du gaz à pression atmosphérique, n la densité, χ est un facteur relatif à la probabilité de collision et qui peut être intimement lié à l'équation d'état (II.17) comme précédemment et $b = 2\pi\sigma^3/3m$. σ reste le diamètre moléculaire et m la masse de la molécule.

La fonction μ/ρ a un minimum pour $b\rho\chi = 1.146$. Avec l'introduction d'un nouveau minimum, l'équation (II.35) devient :

$$\frac{\mu}{\rho} = \frac{1}{2.545}\left(\frac{\mu}{\rho}\right)_{min}\left(\frac{1}{b\rho\chi} + 0.8 + 0.7614 b\rho\chi\right) \qquad (II.36)$$

Deux méthodes décrites dans *** sont utilisées pour comparer les données expérimentales avec les valeurs de μ obtenues par la théorie. Dans la première méthode b et χ sont supposés être indépendants de la température et $bn\chi$ peut être déterminé à partir de la relation : $b\rho\chi = M/R\rho(\partial P/\partial T)_\rho - 1$.
M est la masse moléculaire. Si les valeurs $b\rho\chi$ et $(\mu/\rho)_{min}$ sont substituées dans l'équation (II.36), le coefficient de viscosité peut être calculé.

Dans une seconde méthode, il est supposé que σ varie avec la température, en imaginant qu'à ces différentes températures, le changement de la profondeur de pénétration interparticulaire modifiera le diamètre apparent (virtuel) σ.

En conséquence, il n'est pas fait de simplification sur le terme b et il s'en suit que b est proportionnel à C/A (rapport du troisième et premier coefficient du viriel). Ainsi, b et $b\chi\rho$ peuvent

---

* Enskog, D, Svenska, Vet Akad.Handl. 63 (1921) n° 4

** Chapmann et Cowling

*** Michels Physica XX1141, 1954

être calculés, et les valeurs de μ déterminées à partir de l'équation (II.35). Les valeurs de C/A sont calculées avec quatre points en température en utilisant la mesure des isothermes et une méthode des moindres carrés. Pour $\mu_{P.A.}$ la valeur des mesures extrapolées à une atmosphère a été comparée à la mesure du coefficient par d'autres expérimentateurs (Kestin) ; elles sont en bon accord.

Dans le cas de la théorie F.S. aucune approximation sur les expressions obtenues n'est faite et aucun coefficient n'est introduit. On se réfère aux relations qui découlent de l'équation générale, et on introduit la fonction de distribution radiale déterminée à partir de l'équation intégrale non linéaire de Percus-Yevick. Le temps de relaxation linéaire τ est défini à partir des valeurs du temps à pression atmosphérique qui a été défini au chapitre I, comme le temps de passage dans la partie attractive du potentiel correspondant à la zone de décroissance de la force attractive jusqu'à sa valeur nulle.

Ainsi, la valeur de τ pour un gaz dense dans le domaine 1 à 500 bars peut être considérée comme bonne en utilisant la relation simplifiée :

$$\tau = \tau_{P.A.}(1 - \frac{\pi}{2}n\sigma^3).$$

Cette relation tient compte de l'évolution du potentiel dérivant d'une force moyenne, donc de la perturbation, que représente l'environnement.

A bien des égards, elle simplifie les calculs du temps τ qui deviennent extrêmement longs en utilisant l'équation de conservation de l'énergie.

En sommant les coefficients de viscosité cinétique et interparticulaire, on obtient une relation générale valable avec des potentiels réalistes, pour des gaz denses :

$$\mu = \frac{m}{\tau_{P.A.}(1 - \frac{\pi}{2}n\sigma^3)B} + \tau_{P.A.}(1 - \frac{\pi}{2}n\sigma^3)\,\frac{kTCn^2}{2} \qquad \text{(II.37)}$$

Il faut remarquer que la quantité B doit être calculée pour chaque pression, et température, elle est une fonctionnelle de la

TABLE DE RESULTATS

COEFFICIENT DE VISCOSITE DE L'ARGON A 25°C

Pression Bars	densité g cm^{-3}	$\mu\ 10^6$ (exp)* g cm^{-1} sec^{-1}	$\mu\ 10^6$ *** cal. avec F.S. L.J	$\mu\ 10^6$ (1) Cal. Enskog	$\mu\ 10^6$ (2) Cal. Enskog	$\mu\ 10^6$ exp ** g cm^{-1} sec^{-1}
10			229.95			
13.18	0.02168	227.7		231.8	248.2	
40.28	0.06725	233.9		248.6	258.6	
50						238
80.91	0.1376	247.8		282.1	270.7	
100			261.46	306.6		256
105.4	0.1806	257.7		306.6	281.4	
175.2	0.3016	291.2		394.0	314.6	
200						304
206.7	0.3537	309.0		440.7	328.9	
248.1	0.4182	333.7		506.5	353.3	
300			369.48			367
317.5	0.5145	376.8		622.9	390.4	
400						430
400.3	0.6070	428.7		762.6	433.8	
465.5	0.6728	469.8		868.9	471.7	
500			500.76			491
500.7	0.7030	491.5		925.5	491	

COMPARAISON DE LA THEORIE F.S. ET ENSKOG AVEC LES EXPERIENCES

* Michels, A Physica XX 1141, 1954 ** Pool RAM. Nature 181, 831, 1958 *** Calcul du temps de relaxation avec $\tau = \tau_{P.A.}(1 - \frac{\pi}{2}n\sigma^3)$

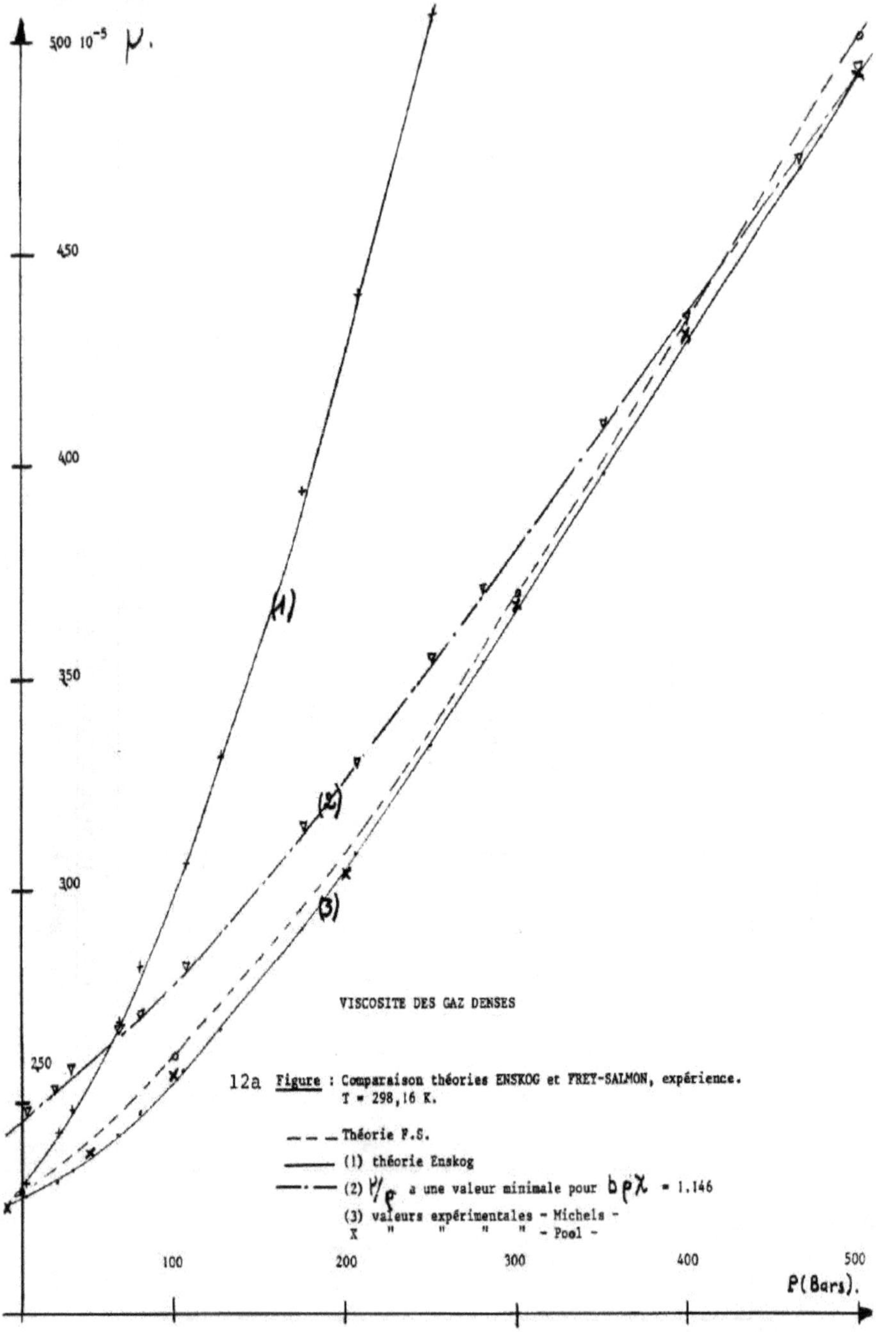

12a Figure : Comparaison théories ENSKOG et FREY-SALMON, expérience. T = 298,16 K.

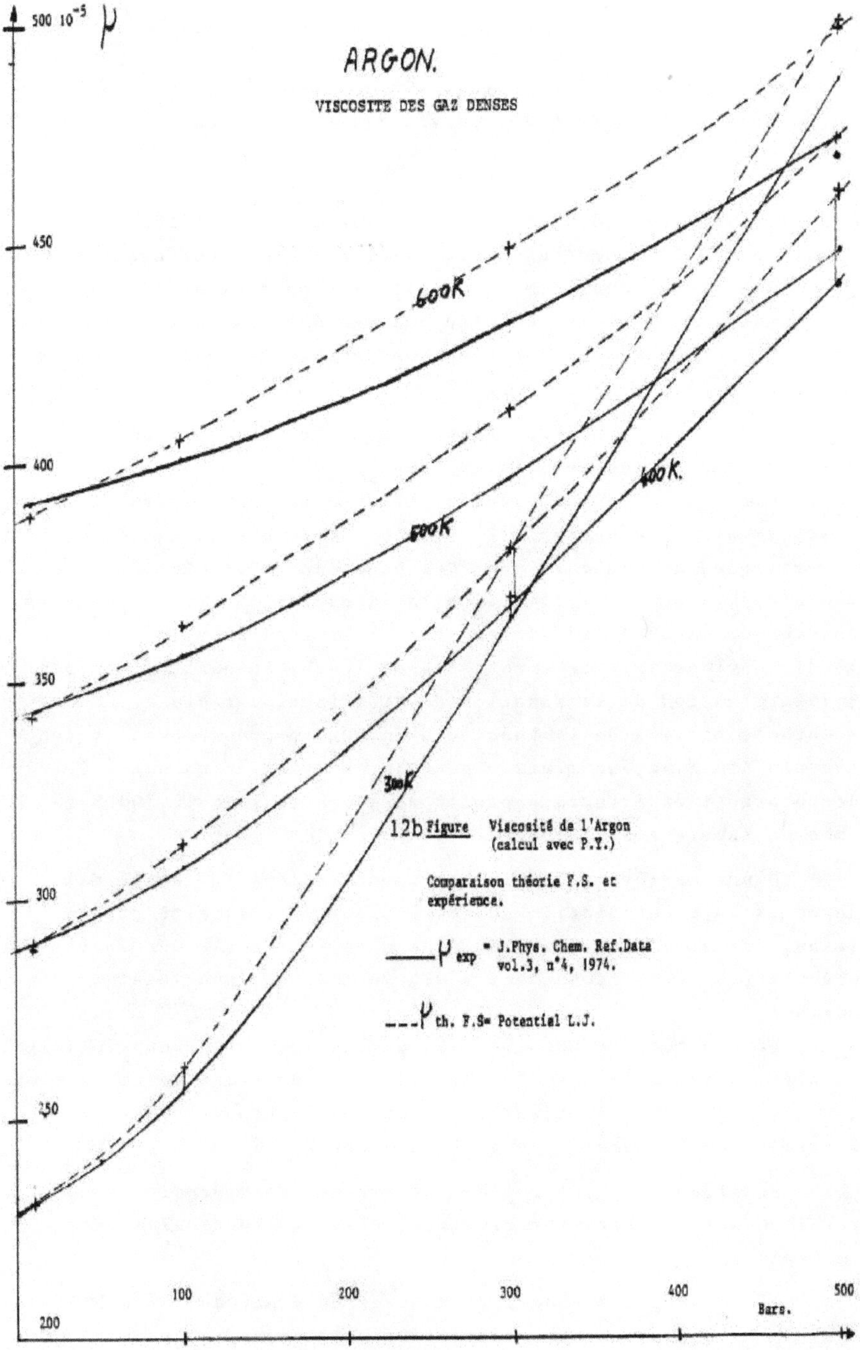

12b Figure Viscosité de l'Argon (calcul avec P.Y.)

Comparaison théorie F.S. et expérience.

fonction de distribution radiale. On peut constater sur le tableau 9 l'évolution du coefficient de viscosité cinétique et interparticulaire.

Commentaires : Les résultats obtenus montrent la différence de qualité entre les deux théories, la première se contentant sur la base de Boltzmann d'exprimer la collision de deux sphères rigides, la seconde exprimant le temps de passage dans la sphère de dissipation et par conséquent le temps de passage de deux particules dans leur sphère respective.

La première théorie d'Enskog s'écarte très rapidement de la courbe expérimentale, et les erreurs sont importantes (figure 12a), alors que la courbe issue de la théorie F.S. est aussi bien en accord avec l'expérience à pression atmosphérique qu'à 500 bars. On verra que, des calculs pour des pressions plus élevées (1000 à 2000 bars), jusqu'à la limite de la linéarité de la viscosité en fonction de la pression donneront de bons résultats ; mais ces calculs deviennent vite importants et longs, en particulier pour la détermination de la fonction de distribution radiale. La seconde méthode dérivée de la théorie d'Enskog en accord avec la fonction μ/ρ à une valeur minimum pour $b\rho\chi$ = 1.146, commence à être en accord avec l'expérience à partir de 400 bars jusqu'à 500 bars, comme en témoigne la figure 12a.

D'une manière générale, la théorie d'Enskog semble mal adaptée à la détermination du coefficient de viscosité des gaz denses, car elle trouve son origine dans la théorie du "chaos moléculaire" de Boltzmann qui n'est valable que pour des gaz dilués.

Par contre, la théorie F.S. semble fort bien adaptée malgré les difficultés qu'a posé la détermination du temps de relaxation. Elle est limitée à la valeur du potentiel interparticulaire, et à la qualité des mesures servant à la comparaison.

En effet, les mesures du coefficient de viscosité à haute pression sont relativement plus difficiles surtout aux hautes températures.

Il n'est pas étonnant de trouver un écart de 5 % à 500 bars, 500 K entre théorie et expérience. On remarquera, cependant, que

TABLEAU 7.

COEFFICIENT DE VISCOSITE DE L'ARGON - GAZ DENSES -

Température Densité	τ relaxation	μ cinétique	μ interparticulaire
T = 300.00 0.242871 D+27	0.3736 D-13	0.2321 D-04	0.3688 D-08
T = 400.00 0.181103 D+27	0.3529 D-13	0.2921 D-04	0.2089 D-08
T = 500.00 0.144674 D+27	0.3338 D-13	0.3455 D-04	0.1367 D-08
T = 600.00 0.120407 D+27	0.3171 D-13	0.3940 D-04	0.9730 D-09
T = 300.00 0.252766 D+28	0.3223 D-13	0.2691 D-04	0.3446 D-06
T = 400.00 0.180064 D+28	0.3187 D-13	0.3235 D-04	0.1865 D-06
T = 500.00 0.141949 D+28	0.3083 D-13	0.3740 D-04	0.1216 D-06
T = 600.00 0.117773 D+28	0.2971 D-13	0.4006 D-04	0.8722 D-07
T = 300.00 0.727909 D+28	0.2156 D-13	0.4021 D-04	0.1912 D-05
T = 400.00 0.509807 D+28	0.2490 D-13	0.4140 D-04	0.1168 D-05
T = 500.00 0.399655 D+28	0.2570 D-13	0.4488 D-04	0.8036 D-06
T = 600.00 0.332121 D+28	0.2565 D-13	0.4870 D-04	0.5989 D-06
T = 300.00 0.104470 D+29	0.1445 D-13	0.6000 D-04	0.2640 D-05
T = 400.00 0.771100 D+28	0.1938 D-13	0.5319 D-04	0.2080 D-05
T = 500.00 0.615809 D+28	0.2139 D-13	0.5392 D-04	0.1588 D-05
T = 600.00 0.515914 D+28	0.2218 D-13	0.5634 D-04	0.1249 D-05

POTENTIEL DE LENNARD-JONES $g(x) = \exp - \varphi(x)/kT$

$$\tau = \tau_{P.A}\left(1 - \frac{\pi}{2} n \sigma^3\right).$$

0.2322 D-04	0.2307 D-04	0.6 D-02	
0.2921 D-04	0.2904 D-04	0.6 D-02	10
0.3455 D-04	0.3437 D-04	0.5 D-02	
0.3940 D-04	0.3913 D-04	0.7 D-02	
0.2725 D-04	0.2570 D-04	0.5 D-01	
0.3253 D-04	0.3074 D-04	0.5 D-01	100
0.3752 D-04	0.3562 D-04	0.5 D-01	
0.4214 D-04	0.4012 D-04	0.5 D-01	
0.4213 D-04	0.3642 D-04	0.13	
0.4257 D-04	0.3664 D-04	0.13	300
0.4568 D-04	0.3966 D-04	0.13	
0.4930 D-04	0.4321 D-04	0.1	
0.6264 D-04	0.4867 D-04	0.22	
0.5527 D-04	0.4402 D-04	0.20	500
0.5551 D-04	0.4474 D-04	0.19	
0.5758 D-04	0.4692 D-04	0.22	
ν Théorique total	ν_{exp}	$\Delta\nu/\nu$.	BARS

TABLEAU 8.

COEFFICIENT DE VISCOSITE DE L'ARGON - GAZ DENSES -

T = 300.00			
0.242871 D+27	0.309456 D-13	0.231828 D-04	0.358952 D-08
T = 400.00			
0.181103 D+27	0.303318 D-13	0.291924 D-04	0.203475 D-08
T = 500.00			
0.144674 D+27	0.293599 D-13	0.345375 D-04	0.133279 D-08
T = 600.00			
0.120407 D+27	0.283453 D-13	0.393915 D-04	0.948777 D-09
T = 300.00			
0.252766 D+28	0.270944 D-13	0.264781 D-04	0.340412 D-06
T = 400.00			
0.180064 D+28	0.276650 D-13	0.320065 D-04	0.183464 D-06
T = 500.00			
0.141949 D+28	0.273320 D-13	0.371000 D-04	0.119445 D-06
T = 600.00			
0.117773 D+28	0.267237 D-13	0.417819 D-04	0.855791 D-07
T = 300.00			
0.727909 D+28	0.190854 D-13	0.375894 D-04	0.198857 D-05
T = 400.00			
0.509807 D+28	0.222354 D-13	0.398221 D-04	0.118201 D-05
T = 500.00			
0.399655 D+28	0.232326 D-13	0.436463 D-04	0.804820 D-06
T = 600.00			
0.332121 D+28	0.234361 D-13	0.476429 D-04	0.596838 D-06
T = 300.00			
0.104470 D+29	0.137456 D-13	0.521919 D-04	0.295006 D-05
T = 400.00			
0.771100 D+28	0.179329 D-13	0.493763 D-04	0.218089 D-05
T = 500.00			
0.615809 D+28	0.197942 D-13	0.512279 D-04	0.162802 D-05
T = 600.00			
0.515914 D+28	0.206173 D-13	0.541568 D-04	0.126696 D-05
Température Densité	τ relaxation	μ cinétique	μ interparticulaire

POTENTIEL HANLEY-KLEIN $g(x) = \exp - \varphi(x)/kT$

$$\tau = \tau_{P.A}\left(1 - \frac{\pi}{2} n \sigma^3\right).$$

μ théorique total	μ exp	$\Delta\mu/\mu$.	BARS
0.231864 D-04	0.230700 D-04	0.5 D-02	10
0.291945 D-04	0.290400 D-04	0.5 D-02	
0.345389 D-04	0.343700 D-04	0.4 D-02	
0.393925 D-04	0.3913 D-04	0.7 D-02	
0.268185 D-04	0.257000 D-04	0.4 D-01	100
0.321899 D-04	0.307400 D-04	0.4 D-01	
0.372194 D-04	0.356200 D-04	0.4 D-01	
0.418675 D-04	0.4012 D-04	0.4 D-01	
0.395779 D-04	0.364200 D-04	0.8 D-01	300
0.410041 D-04	0.366400 D-04	0.1	
0.444511 D-04	0.396600 D-04	0.1	
0.482397 D-04	0.432100 D-04	0.1	
0.551419 D-04	0.486700 D-04	0.11	500
0.515572 D-04	0.440200 D-04	0.14	
0.528559 D-04	0.447400 D-04	0.15	
0.554238 D-04	0.469200 D-04	0.18	

TABLEAU 9.

COEFFICIENT DE VISCOSITE DE L'ARGON - GAZ DENSES -

T = 300.00 0.242871 D+27	0.3736 D-13	0.2310 D-04	0.3713 D-08
T = 400.00 0.181103 D+27	0.3529 D-13	0.2899 D-04	0.2109 D-08
T = 500.00 0.144674 D+27	0.3338 D-13	0.3421 D-04	0.1383 D-08
T = 600.00 0.120407 D+27	0.3171 D-13	0.3888 D-04	0.9893 D-09
T = 300.00 0.252766 D+28	0.3223 D-13	0.2588 D-04	0.3583 D-06
T = 400.00 0.180064 D+28	0.3187 D-13	0.3112 D-04	0.1940 D-06
T = 500.00 0.141949 D+28	0.3083 D-13	0.3618 D-04	0.1258 D-06
T = 600.00 0.117773 D+28	0.2971 D-13	0.4045 D-04	0.9092 D-07
T = 300.00 0.727909 D+28	0.2156 D-13	0.3476 D-04	0.2201 D-05
T = 400.00 0.509807 D+28	0.2490 D-13	0.3677 D-04	0.1313 D-05
T = 500.00 0.399655 D+28	0.2570 D-13	0.4040 D-04	0.8916 D-06
T = 600.00 0.332121 D+28	0.2565 D-13	0.4423 D-04	0.6604 D-06
T = 300.00 0.104470 D+29	0.1445 D-13	0.4663 D-04	0.3365 D-05
T = 400.00 0.771100 D+28	0.1938 D-13	0.4359 D-04	0.2528 D-05
T = 500.00 0.615809 D+28	0.2139 D-13	0.4546 D-04	0.1878 D-05
T = 600.00 0.515914 D+28	0.2218 D-13	0.4840 D-04	0.1454 D-05
Température Densité	τ relaxation	μ cinétique	μ interparticulaire

POTENTIEL LENNARD - JONES AVEC EQUATION DE PERCUS-YEVICK

Approximation $\tau = \tau_{P.A} (1 - \frac{\pi}{2} n \sigma^3)$.

0.2310 D-04	0.2307 D-04	0.1 D-02	
0.2899 D-04	0.2904 D-04	- 0.1 D-02	10
0.3421 D-04	0.3437 D-04	- 0.4 D-02	
0.3888 D-04	0.3913 D-04	-0.5 D-02	
0.2624 D-04	0.2570 D-04	0.2 D-01	
0.3131 D-04	0.3074 D-04	0.2 D-01	100
0.3631 D-04	0.3562 D-04	0.2 D-01	
0.4054 D-04	0 .4012 D-04	0.1 D-01	
0.3696 D-04	0.3642 D-04	0.1 D-01	
0.3809 D-04	0.3664 D-04	0.4 D-01	300
0.4129 D-04	0.3966 D-04	0.4 D-01	
0.4489 D-04	0.4321 D-04	0.3 D-01	
0.5000 D-04	0.4867 D-04	0.2 D-01	
0.4612 D-04	0.4402 D-04	0.4 D-01	500
0.4734 D-04	0.4474 D-04	0.5 D-01	
0.4985 D-04	0.4692 D-04	0.6 D-01	
μ théorique total	μ exp.	$\Delta\mu / \mu$.	BARS

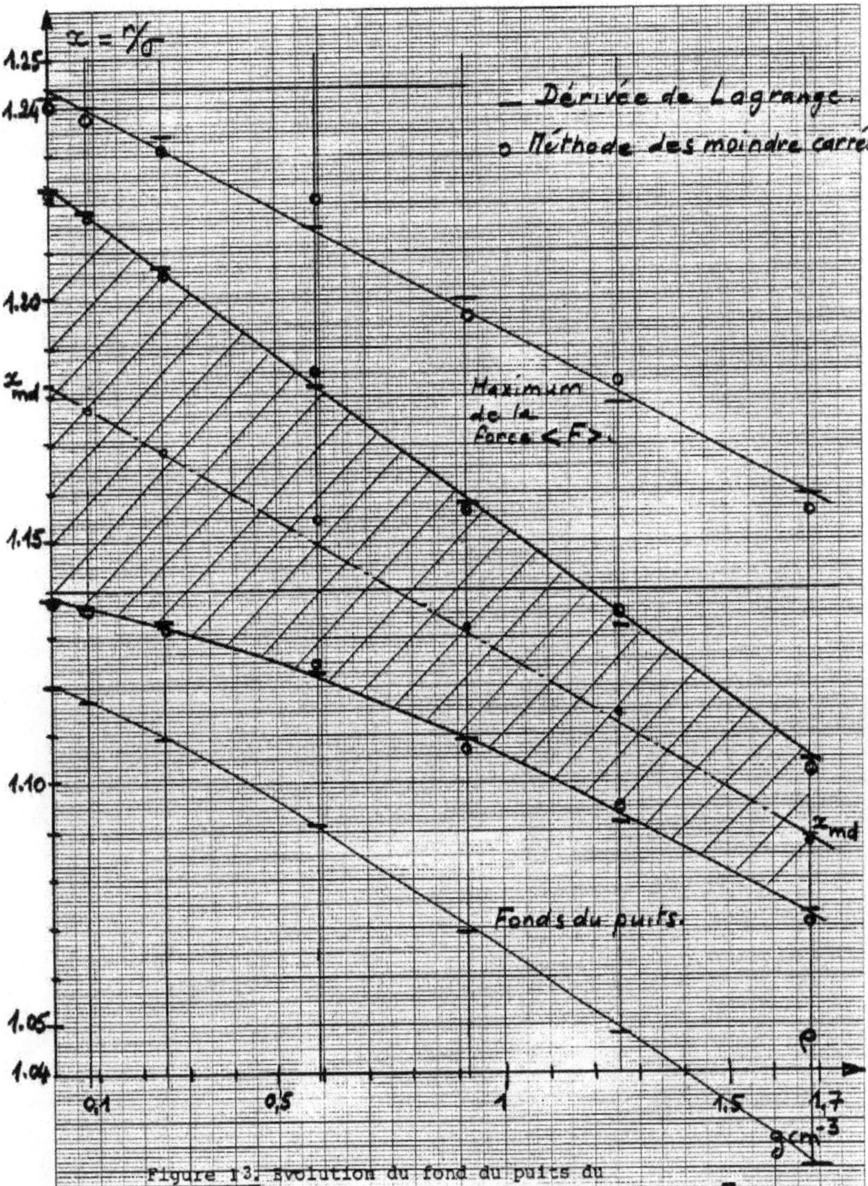

Figure 13. Evolution du fond du puits du potentiel et du maximum de la force $< F >$. Contraction de l'espace de dissipation en $\Delta = \Delta_0 \exp - 0.6\,\rho$. Fonctions de correlations de CARLEY.

le reste des calculs est en bon accord avec l'expérience (Tableau 9 et figure 12b).

Il faut aussi ne pas oublier que l'approximation $\tau = \tau_{P.A.}(1 - \frac{\pi}{2}n\sigma^3)$ n'est valable que dans le domaine de convergence de la progression géométrique.

7. CALCUL DU TEMPS DE RELAXATION DE LA FONCTION DE DISTRIBUTION DOUBLE AVEC UN POTENTIEL DÉRIVANT D'UNE FORCE MOYENNE, ET L'EQUATION DE CONSERVATION DE L'ENERGIE

L'approximation $\tau = \tau_{P.A.}(1 - \frac{\pi}{2}n\sigma^3)$ utilisée précédemment est limitée par la convergence de la série géométrique et lorsque le domaine de températures est inférieur à 300 K et la pression supérieure à 500 Bars (tableau 10), cette valeur du temps τ n'est plus valable (figure 14).

Cependant, elle permet de définir le coefficient de viscosité d'un gaz avec une grande précision pour des pressions modérées.

Le calcul de la viscosité d'un gaz dont la pression est supérieure à 500 bars et dont la température est inférieure à 200 K doit être effectué en utilisant l'équation de conservation de l'énergie et un potentiel dérivant d'une force moyenne.

Cette force moyenne s'écrit :

$$\langle F \rangle = - \frac{d\Phi(r)}{dr}$$

Elle passe par un maximum, qui permet de définir le début de la relaxation de la fonction de distribution double.

Cette relaxation s'effectue donc durant l'attraction des particules, mais lorsque la variation de l'accroissement de la vitesse diminue, donc durant la décélération de la particule, bien que la vitesse de celle-ci augmente encore, mais peu. Lorsque la densité du gaz augmente, le maximum de la force n'occupe plus la même position.

Il est donc nécessaire de trouver cette nouvelle position, il en est de même pour le fond du puits du potentiel, et ceci pour chaque couple de densité et de température (figure 13).

COEFFICIENT DE VISCOSITE DE L'ARGON T = 328 K

ρ g cm^{-3}	τ théorique	τ expérience	μ cinétique	μ interparticulaire	μ totale	μ experiment	$\Delta\mu/\mu$ %	Pression bars
0.0168	$0.367\ 10^{-13}$	$0.371\ 10^{-13}$	$0.2514\ 10^{-4}$	$0.3946\ 10^{-8}$	$0.2514\ 10^{-4}$	$0.2485\ 10^{-4}$	1,1	11,5
0.0840	$0.345\ 10^{-13}$	$0.349\ 10^{-13}$	$0.2611\ 10^{-4}$	$0.9618\ 10^{-7}$	$0.2620\ 10^{-4}$	$0.2585\ 10^{-4}$	1,3	60
0.2520	$0.289\ 10^{-13}$	$0.297\ 10^{-13}$	$0.2973\ 10^{-4}$	$0.7582\ 10^{-6}$	$0.3049\ 10^{-4}$	$0.2964\ 10^{-4}$	2,7	166
0.5881	$0.177\ 10^{-13}$	$0.183\ 10^{-13}$	$0.4213\ 10^{-4}$	$0.2895\ 10^{-5}$	$0.4502\ 10^{-4}$	$0.4370\ 10^{-4}$	2,9	450
0.9241	$0.652\ 10^{-14}$	$0.897\ 10^{-14}$	$0.9267\ 10^{-4}$	$0.3219\ 10^{-5}$	$0.9589\ 10^{-4}$	$0.7186\ 10^{-4}$	25	980
1.2602	$-0.466\ 10^{-14}$	$0.378\ 10^{-14}$	$-0.9948\ 10^{-4}$	$-0.5488\ 10^{-5}$	$-0.1049\ 10^{-3}$	$0.1271\ 10^{-3}$	22	2500
1.6803	$-0.186\ 10^{-14}$	$0.117\ 10^{-14}$	$-0.1715\ 10^{-4}$	$-0.5493\ 10^{-4}$	$-0.7209\ 10^{-3}$	$0.2763\ 10^{-3}$	48	6000

TABLEAU 10

Calcul de la viscosité de l'argon avec des fonctions de corrélation de Carley et avec l'approximation $\tau = \tau_{P.A.}(1 - \frac{\pi}{2}n\sigma^3)$. La limite de validité de l'expression est de l'ordre de 450 à 500 bars. Potentiel utilisé : Lennard-Jones.

T	ρgcm^{-3}	$\tau_{th.}$	$\tau_{exp.}$	$\mu_{cin.}$	$\mu_{int.}$	μ_{totale}	$\mu_{exp.}$	$\Delta\mu/\mu$	Bars
300	0.0161	$0.3773\ 10^{-13}$	$0.3763\ 10^{-13}$	$0.2303\ 10^{-4}$	$0.3724\ 10^{-8}$	$0.2303\ 10^{-4}$	$0.2309\ 10^{-4}$	1.10^{-3}	10
400	0.0120	$0.3538\ 10^{-13}$	$0.3553\ 10^{-13}$	$0.2915\ 10^{-4}$	$0.2097\ 10^{-8}$	$0.2916\ 10^{-4}$	$0.2904\ 10^{-4}$	4.10^{-3}	
500	0.0095	$0.3342\ 10^{-13}$	$0.3357\ 10^{-13}$	$0.3447\ 10^{-4}$	$0.1372\ 10^{-8}$	$0.3448\ 10^{-4}$	$0.3432\ 10^{-4}$	7.10^{-3}	
600	0.0079	$0.3171\ 10^{-13}$	$0.3194\ 10^{-13}$	$0.3940\ 10^{-4}$	$0.9742\ 10^{-9}$	$0.3941\ 10^{-4}$	$0.3913\ 10^{-4}$	7.10^{-3}	
300	0.1676	$0.3461\ 10^{-13}$	$0.3311\ 10^{-13}$	$0.2427\ 10^{-4}$	$0.3820\ 10^{-6}$	$0.2465\ 10^{-4}$	$0.2575\ 10^{-4}$	-4.10^{-2}	100
400	0.1194	$0.3334\ 10^{-13}$	$0.3274\ 10^{-13}$	$0.3000\ 10^{-4}$	$0.2013\ 10^{-6}$	$0.3020\ 10^{-4}$	$0.3075\ 10^{-4}$	$-1.7\ 10^{-2}$	
500	0.0941	$0.3216\ 10^{-13}$	$0.3175\ 10^{-13}$	$0.3501\ 10^{-4}$	$0.1300\ 10^{-6}$	$0.3514\ 10^{-4}$	$0.3559\ 10^{-4}$	$-1.3\ 10^{-2}$	
600	0.0781	$0.3047\ 10^{-13}$	$0.3043\ 10^{-13}$	$0.3998\ 10^{-4}$	$0.9181\ 10^{-7}$	$0.4007\ 10^{-4}$	$0.4013\ 10^{-4}$	$-1.3\ 10^{-3}$	
300	0.4828	$0.2643\ 10^{-13}$	$0.2215\ 10^{-13}$	$0.2861\ 10^{-4}$	$0.2673\ 10^{-5}$	$0.3128\ 10^{-4}$	$0.3638\ 10^{-4}$	-0.16	300
400	0.3381	$0.2840\ 10^{-13}$	$0.2622\ 10^{-13}$	$0.3254\ 10^{-4}$	$0.1483\ 10^{-5}$	$0.3402\ 10^{-4}$	$0.3662\ 10^{-4}$	$-7.6\ 10^{-2}$	
500	0.2651	$0.2832\ 10^{-13}$	$0.2709\ 10^{-13}$	$0.3700\ 10^{-4}$	$0.9729\ 10^{-6}$	$0.3798\ 10^{-4}$	$0.3963\ 10^{-4}$	$-4.4\ 10^{-2}$	
600	0.2203	$0.2771\ 10^{-13}$	$0.2705\ 10^{-13}$	$0.4150\ 10^{-4}$	$0.7024\ 10^{-6}$	$0.4221\ 10^{-4}$	$0.4321\ 10^{-4}$	$-2.5\ 10^{-2}$	
200	0.6930	$0.2057\ 10^{-13}$	$0.1500\ 10^{-13}$	$0.3307\ 10^{-4}$	$0.4741\ 10^{-5}$	$0.3781\ 10^{-4}$	$0.4882\ 10^{-4}$	-0.28	500
400	0.5115	$0.2415\ 10^{-13}$	$0.2073\ 10^{-13}$	$0.3533\ 10^{-4}$	$0.3117\ 10^{-5}$	$0.3844\ 10^{-4}$	$0.4384\ 10^{-4}$	-0.14	
500	0.4084	$0.2515\ 10^{-13}$	$0.2308\ 10^{-13}$	$0.3904\ 10^{-4}$	$0.2185\ 10^{-5}$	$0.4123\ 10^{-4}$	$0.4457\ 10^{-4}$	$-8.5\ 10^{-2}$	
600	0.3422	$0.2522\ 10^{-13}$	$0.2398\ 10^{-13}$	$0.4313\ 10^{-4}$	$0.1628\ 10^{-5}$	$0.4476\ 10^{-4}$	$0.4692\ 10^{-4}$	$-4\ 10^{-2}$	

TABLEAU 11 : Calcul de la viscosité avec le potentiel de Lennard-Jones (σ = 3.405 Å) (équation de corrélation de Percus-Yevick). Calcul du temps de relaxation linéaire avec l'équation de conservation de l'énergie et $\phi_{P.Y.}(r) = -kT \ln g_{P.Y.}(r)$. Bornes constantes $\{x_F = 1.14,\ \gamma = 1.225\}$.

COEFFICIENT DE VISCOSITE DE L'ARGON T = 328 K

ρ g cm^{-3}	$\tau_{th.}$	$\tau_{exp.}$	$\mu_{cin.}$	$\mu_{int.}$	μ_{totale}	μ_{exp}	$\Delta\mu/\mu$ %	Pressions bars
0.0168	0.3705 10^{-13}	0.371 10^{-13}	0.2493 10^{-4}	0.3980 10^{-8}	0.2493 10^{-4}	0.2485 10^{-4}	3 10^{-2}	11,5
0.0840	0.3580 10^{-13}	0.349 10^{-13}	0.2516 10^{-4}	0.9980 10^{-7}	0.2526 10^{-4}	0.2585 10^{-4}	-2.3 10^{-2}	60
0.2520	0.3208 10^{-13}	0.297 10^{-13}	0.2680 10^{-4}	0.8411 10^{-6}	0.2764 10^{-4}	0.2964 10^{-4}	-7.2 10^{-2}	166
0.5881	0.2327 10^{-13}	0.183 10^{-13}	0.3208 10^{-4}	0.3802 10^{-5}	0.3588 10^{-4}	0.4370 10^{-4}	-0.21	450
0.9241	0.1413 10^{-13}	0.897 10^{-14}	0.4280 10^{-4}	0.6970 10^{-5}	0.4977 10^{-4}	0.7186 10^{-4}	-0.44	980
1.2602	0.6417 10^{-14}	0.378 10^{-14}	0.7227 10^{-4}	0.7554 10^{-5}	0.7983 10^{-3}	0.1271 10^{-3}	-0.59	2500
1.6803	0.1172 10^{-14}	0.117 10^{-14}	0.2730 10^{-3}	0.3452 10^{-5}	0.2764 10^{-3}	0.2763 10^{-3}	-	6000

TABLEAU 12

Calcul de la viscosité de l'argon à 328 K avec les fonctions de corrélation de Carley. La zone de dissipation est constante. Les valeurssont celles utilisées à pression atmosphérique $\{x_F = 1.14,\ \gamma = 1.225\}$.
Utilisation de l'équation de conservation de l'énergie.

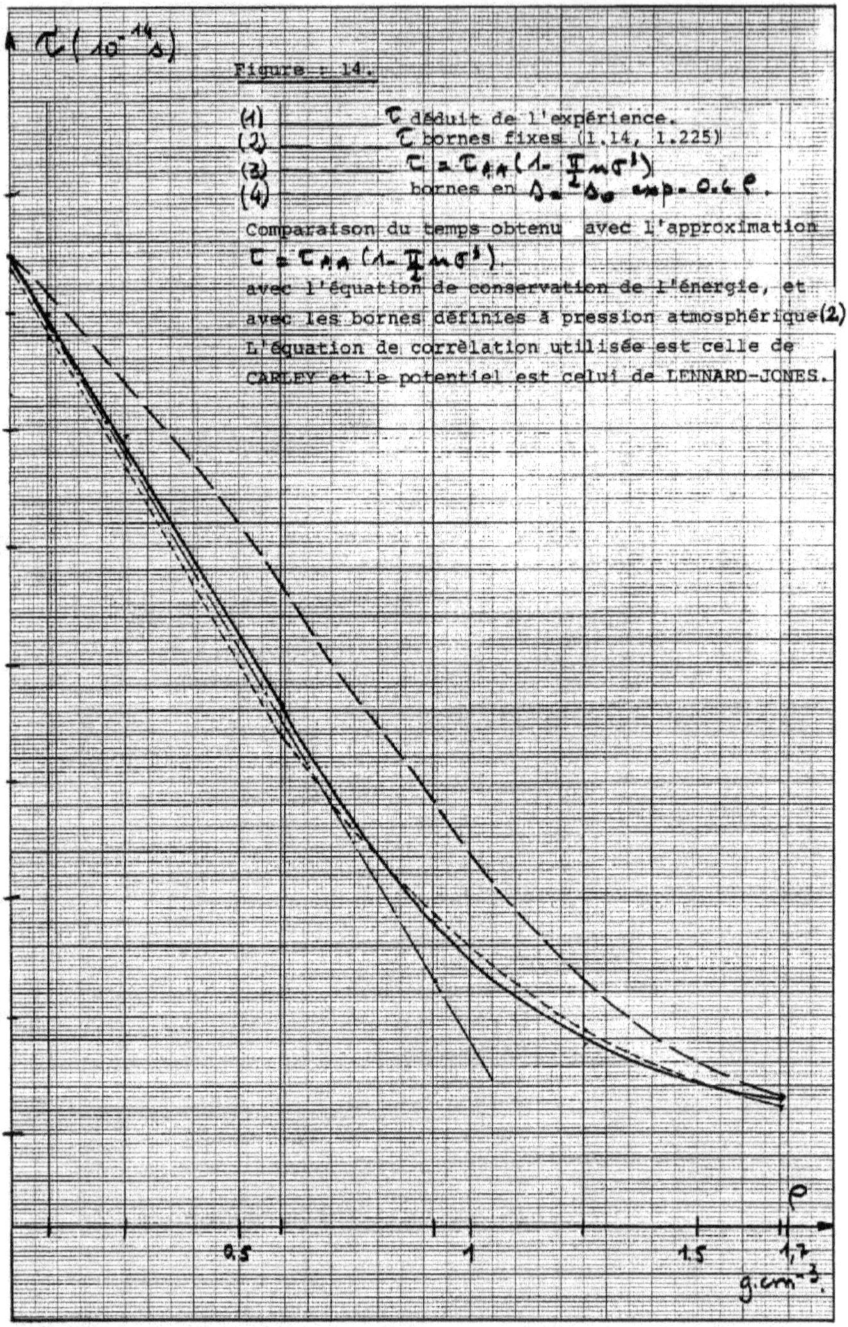

Figure : 14.

(1) ——— τ déduit de l'expérience.

(2) ——— τ bornes fixes (1.14, 1.225)

(3) ——— $\tau = \tau_{AA}(1 - \frac{\pi}{2} n\sigma^3)$

(4) ——— bornes en $s = s_0 \exp - 0.6\,\rho$.

Comparaison du temps obtenu avec l'approximation $\tau = \tau_{AA}(1 - \frac{\pi}{2} n\sigma^3)$, avec l'équation de conservation de l'énergie, et avec les bornes définies à pression atmosphérique(2) L'équation de corrélation utilisée est celle de CARLEY et le potentiel est celui de LENNARD-JONES.

Il est possible de définir le minimum du potentiel ainsi que le maximum de la force qui est la dérivée de $\Phi(r) = -kT \ln g(r)$ à l'aide de l'analyse numérique, car on ne connaît pas les fonctions de corrélation analytiquement. Celles-ci sont obtenues par points, soit par simulation ou par résolution numérique d'équations intégrales non linéaire ou paramétrique.

En effet, lorsque les bornes n'évoluent pas et qu'elles sont conservées constantes, les résultats numériques des tableaux 11 et 12 montrent un écart de plus en plus important sur le coefficient de viscosité aux hautes pressions.

La figure 13 permet d'expliquer ces écarts. La relaxation s'effectue dans une zone bien définie qui se déplace et se contracte en fonction de la température et naturellement de la densité. Le maximum de la fonction g(r) s'écarte très nettement de la limite de la zone de dissipation définie à pression atmosphérique. La zone ainsi définie n'est plus représentative.

Il y a aussi un autre effet qui se superpose au précédent dont il est nécessaire de tenir compte, c'est la dégénérescence de la fonction de corrélation en fonction du temps $\psi(x,t)$. Et le postulat de la relaxation linéaire de f_{12} devient incomplet pour les gaz denses et liquides. Il sera l'objet d'un des prochains paragraphes.

7.1. TEMPS τ DETERMINE A PARTIR DE DEUX AUTRES FONCTIONS DE CORRELATION DIFFERENTES

a. Fonctions de corrélation calculées avec une équation intégrale paramétrique

Pour des systèmes de particules classiques en interaction avec des forces radiales, les équations d'état de la thermodynamique doivent être obtenues à partir de la connaissance de la fonction de corrélation g(x). Deux méthodes numériques de base ont déjà été utilisées pour obtenir g(x), la simulation par la méthode de Monte-Carlo et une méthode de dynamique moléculaire, ainsi que les équations intégrales bien connues telles que Percus-Yevick étudiées précédemment et HNC. Mais pour ces dernières, de nombreuses études ont montré qu'elles offrent aux hautes densités d'importants écarts. Les seuls avantages qu'elles présentent sont des temps de calcul réduits, mais aussi la possibilité d'inverser le problème, c'est-à-dire d'obtenir le potentiel interparticulaire connaissant la fonction de corrélation expérimentale. Les méthodes numériques présentent l'avantage d'être exactes.

Les équations P.Y. et H.N.C. sont équivalentes aux sommes partielles des termes relatifs au développement de $g(r)\exp -\varphi(r)/kT$. La somme des diagrammes qui sont utilisés pour représenter les intégrales est dans les deux équations correcte, mais elle oublie les coefficients correspondant aux plus hautes densités.

Bien que l'équation H.N.C. obtenue en sommant tous les diagrammes utilisés pour P.Y., inclut un ensemble complémentaire, sans fournir d'aussi bons résultats. L'équation intégrale paramétrique somme les diagrammes correctement au premier ordre en densité et contient en addition un paramètre qui apparaît dans les termes de plus haut degré. Ce paramètre est fixé en vue d'étendre le domaine de validité de cette équation intégrale.

Carley* propose une équation intégrale paramétrique donnant la somme des termes au second ordre du développement en densité pour $g(r)\exp - \varphi(r)/kT$. Cependant, il apparaît qu'un grand nombre d'équations intégrales peuvent donner les deux premiers termes du développement pour lequel le paramètre apparaît dans les termes d'ordre le plus élevé.

L'équation de corrélation directe s'écrit (II.23) (Ornstein-Zernicke)

$$\alpha(r) = c(r) + n \int \alpha(\vec{s})c(|\vec{s}-\vec{r}|)d\vec{s}.$$

$$\alpha(r) = g(r) - 1.$$

On peut utiliser l'approximation pour la fonction de corrélation directe* :

$$c(r) = g(r) - 1 - a^{-1} \ln(ag(r)e^{\beta\varphi(r)} - a + 1). \qquad \text{(II.38)}$$

a est le paramètre ajustable.

*Carley, Lado Phys.Review 137, A42 (1965)

Si a est proche de 1, l'équation II.38 est réduite à l'équation H.N.C. et si a proche de 0, on obtient l'équation P.Y.

La comparaison des calculs faits avec la méthode de Monte-Carlo a permis à Carley de définir la valeur du paramètre à 0,12.

Ainsi, la méthode de Monte-Carlo est prise comme une référence. Mais la méthode de Carley présente un avantage certain qui est celui du temps de calcul informatique.

Un fluide a une densité moyenne:

$$n = \frac{N}{V}$$

où N est le nombre de particules et V le volume.
L'énergie potentielle du système est supposée être la somme des potentiels interparticulaires ainsi :

$$U(r_1 \ldots r_n) = \frac{1}{2} \sum_{i,j=1 \quad i \neq j}^{N} \varphi(r_{ij}) . \qquad \text{(II.39)}$$

La fonction de corrélation est donnée par :

$$g(r_{12}) = V^2 Z^{-1} \int_V \ldots \int e^{-\beta U} \, \underline{dr}_3 \ldots \underline{dr}_N . \qquad \text{(II.40)}$$

ou

$$Z = \int_V \ldots \int e^{-\beta U} \, \underline{dr}_1 \ldots \underline{dr}_N . \qquad \text{(II.41)}$$

L'énergie potentielle moyenne $<U>$ est donnée par :

$$E = \beta <U>/N = 2\pi n \beta \int_o^\infty \varphi(r) g(r) r^2 dr . \qquad \text{(II.42)}$$

La fonction de distribution radiale peut être écrite comme une série en puissance de la densité.

Ce développement est décrit en général en termes de graphes ou diagrammes. On y associe les fonctions f de Mayer :

$$f(x_{ij}) = \exp\left[-\beta \varphi(x_{ij})\right] - 1 \qquad \text{(II.43)}$$

de manière à assurer une correspondance entre les graphes et les intégrales des produits de fonctions f. D'une manière générale la fonction de distribution radiale s'écrit :

$$ge^{\beta\Psi} = 1 + \sum_{k=3}^{\infty} \frac{n^{(k-2)}}{k-2} \int\!\!\cdots\!\!\int \Big(\sum_{Q_k} \prod_{Q_k} f_{ij} \Big) \underline{dr}_3 \ldots \underline{dr}_k \ . \qquad \text{(II.44)}$$

où Q est le graphe, k l'indice du point considéré. Ce développement en n s'écrit :

$g \exp(\varphi/kT) = 1 + n$  $+ \, n^2$ 

$+ \, 2n^2$ 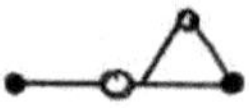

$+ \, \frac{an^2}{2}$ 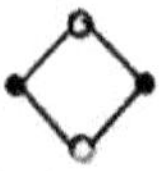 $+ \, \frac{bn^2}{2}$ 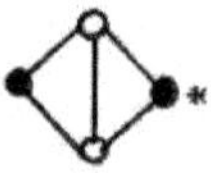 *

$+ \, \ldots\ldots\ldots$

Le développement exact est pour a = 1 et b = 1.
On retrouve l'équation P.Y. pour a = 0 et b = 0 ainsi que H.N.C. pour a = 1 et b = 0.
L'équation paramétrique de Carley comparée à un étalon (simulation) donne a = 0,12 pour b = 0.
La solution de cette équation paramétrique demande l'utilisation d'une méthode itérative.

Il est introduit une fonction S telle que

$$S = \alpha - C$$

et sa transformée de Fourier est :

$$\tilde{S}(k) = (2\pi)^{-3} \iiint S(\vec{r}) e^{ik\vec{r}} \, d\vec{r} \qquad \text{(II.45)}$$

ainsi en termes de fonction S on obtient :

$$g = e^{-\beta\Psi}(a^{-1}e^{aS} - a^{-1} + 1) \qquad \text{(II.46)}$$

$$C = e^{-\beta\Psi}(a^{-1}e^{aS} - a^{-1} + 1) - 1 - S. \qquad \text{(II.47)}$$

En prenant la transformée de Fourier des deux membres de l'équation de Ornstein-Zernicke et en reliant à S = α − C, on obtient :

---

* Exemple de correspondance : 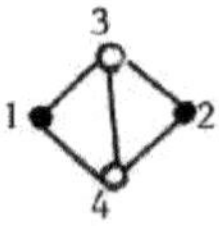 $= \int f_{13} f_{32} f_{14} f_{42} f_{34} \underline{dr}_3 \underline{dr}_4$

Schéma d'itération pour l'obtention de l'équation de Carley

On estime S $\longrightarrow$ Calcul C (II.47) $\longrightarrow$ Calcul de $\tilde{C}$ $\longrightarrow$ Calcul de $\tilde{S}$ (II.48)

$\downarrow$

Calcul de S

$\downarrow$

Comparaison de S estimé et S calculé $\longrightarrow$ Calcul de g

(Comparaison $\longrightarrow$ On estime S)

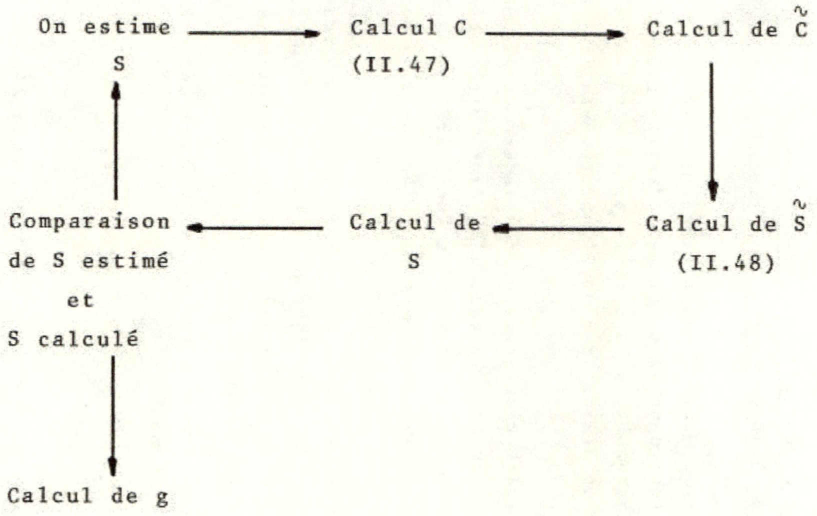

$$S = \frac{(2\pi)^3 n\tilde{C}^2}{1-(2\pi)^3 n\tilde{C}} . \qquad (II.48)$$

Les résultats obtenus avec l'approximation $\tau = \tau_{P.A.}(1-\frac{\pi}{2}n\sigma^3)$ montrent que l'équation paramétrique de Carley donne un bon accord avec l'expérience (tableau 10). Le fait de tenir compte des termes d'ordre plus élevés dans le développement en puissance de la densité permet d'obtenir des résultats aussi bons que ceux obtenus avec P.Y. (tableau 9) dans le domaine de temps de relaxation pouvant être considéré comme linéaire . L'utilisation de l'équation de conservation de l'énergie permettra d'étendre le domaine jusqu'aux gaz denses et liquides.

b. Fonctions de corrélation obtenues par la dynamique moléculaire* **. Fonctions de corrélation dépendant du temps

Le terme Monte-Carlo a comme utilité de désigner une méthode numérique dans laquelle des éléments stochastiques spécifiques sont introduits et s'oppose aux expressions complètement déterministes et algébriques de l'approche utilisée en dymanique moléculaire.

La caractéristique essentielle est que la méthode donne une chaîne de Markov dans laquelle les états markoviens individuels sont des points dans l'espace de configuration de la mécanique statistique pour un système de N molécules dans un volume V à la température T.

Les calculs de la dynamique moléculaire sont basés sur l'hypothèse que la dynamique classique avec des interactions à deux corps peut donner une description raisonnable du mouvement des atomes dans l'argon liquide.

La force exercée sur un atome i est déterminée classiquement en calculant la somme

$$- \sum_{j=1}^{N-1} \nabla \varphi_{ij}$$

---

* Rahman, Physical Review, vol.136, nbre 2A, 19 octobre 1964

**Verlet, Physical Review, vol.159, nbre 1, 5 juillet 1967.

en supposant connue la distribution des atomes et le potentiel d'interaction φ_{ij}. Si les coordonnées de l'espace de phase de chaque atome au temps t sont mémorisées , la trajectoire classique d'un atome i sur une période de temps Δt doit être déterminée en obtenant la solution des équations newtonniennes.

Les coordonnées de la nouvelle position en l'absence de champs externes sera

$$x_i(t + \Delta t) = v_i(t).\Delta t - \frac{1}{2m} \sum_j^{N-1} \nabla\varphi_{ij}(\Delta t)^2 + x_i(t)$$

et la nouvelle vitesse sera :

$$v_i(t + \Delta t) = v_i(t) - \frac{1}{m} \sum_j^{N-1} \nabla \varphi_{ij}.(\Delta t)$$

La distribution des vitesses devrait être maxwellienne pour un système à l'équilibre, et si c'est le cas la température d'un système de N particules est donnée par la relation

$$T = \frac{m}{3k} \sum_{i=1}^{N} v_i^2 \ .$$

Cependant, dans ce calcul il est intéressant d'introduire des fonctions de corrélation dépendant du temps. Elles permettent ainsi de voir la dégénérescence de la fonction g(x) dans le temps. C'est-à-dire, pour des fonctions de corrélation, chaque moment peut être considéré comme une origine de temps et de nouveau une moyenne d'ensemble peut être faite avec une succession d'origines de temps. Si n(x) particules sont situées à une distance entre x et $x + \Delta x$ d'une particule donnée :

$$g(x) = \left(\frac{V}{N}\right) . \frac{n(x)}{4\pi x^2.\Delta x}$$

représente une fonction de corrélation indépendante du temps.

Pour les corrélations dépendant du temps, il faut tenir compte, en plus de la fonction d'autocorrélation des vitesses*:

1.- de la valeur moyenne des déplacements $\langle x^{2n} \rangle$ donnée par la relation :

---

*Annexe 6

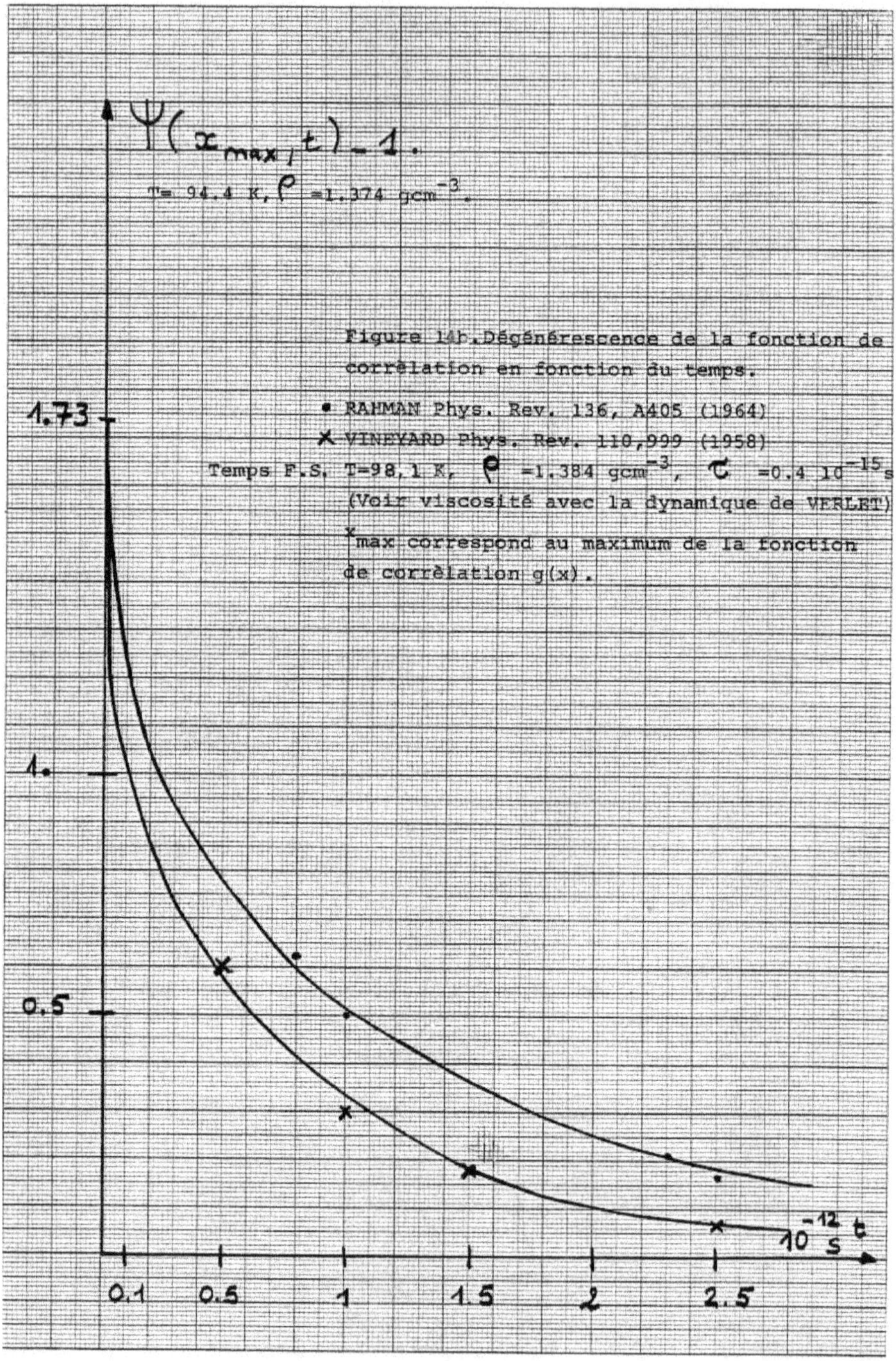

Figure 14b. Dégénérescence de la fonction de corrélation en fonction du temps.

Temps F.S. $T=98{,}1$ K, $\rho = 1.384\ gcm^{-3}$, $\tau = 0.4\ 10^{-15}$ s

(Voir viscosité avec la dynamique de VERLET)

x_{max} correspond au maximum de la fonction de corrélation g(x).

$$<x^{2n}> = \frac{1}{N} \sum_{i=1}^{N} \{x_i(t) - x_i(0)\}^{2n}$$

Il est ainsi nécessaire de définir une nouvelle fonction G(x,t)* qui donne la probabilité d'une particule de se déplacer de la quantité x durant le temps t.

$$<x^{2n}> = \int x^{2n} G(x,t)dx \ .$$

2.- de la fonction de corrélation dépendant du temps $\psi(x,t)$. Si à un temps t, n(x,t) particules sont situées à une distance entre x et x + Δx de la position d'un atome occupée à t = 0, on définit cette fonction comme

$$\psi(x,t) = \frac{V}{N} \frac{n(x,t)}{4\pi x^2 \Delta x}$$

Cette fonction représente en fait la rapide dégradation de la fonction de corrélation g(x) qui est ni plus ni moins la fonctior $\psi(x,0)$.

7.2. APPROXIMATION DE LA FONCTION DE CORRELATION DEPENDANT DU TEMPS DE VINEYARD

Pour décrire la dépendance de $\psi(x,t)$ en fonction du temps, Vineyard a suggéré une approximation qui permet d'effectuer le produit de convolution entre g(x) et G(x,t). Il s'écrit :

$$\psi(x,t) = \int g(x')H(x - x',t)dx' \ .$$

où H(x - x',t) est la probabilité que la particule en x' va en x dans un temps t, sachant qu'une autre particule était située à l'origine à t = 0. L'approximation de Vineyard consiste à écrire H = G. Le tracé de $\psi(x_{max},t)$ pour le maximum de la fonction g(x) en fonction de t (figure 14b) montre l'importante dégradation de la fonction de corrélation dans le temps. La plus importante dégradation s'effectue sur un temps très court. La fonction $\psi(t)$

*Vineyard, vol.110, n°5 June 1, 1958 (Phys.Rev.)

a une dérivée dont la valeur en t= 0 est infinie*.

De ce fait, il est apparu nécessaire d'introduire plus en détail cette notion de dégénérescence de la fonction de corrélation.

Des travaux ont été réalisés au niveau de cette dégénérescence, d'une part par Vineyard qui propose une approximation de $\psi(x,t)$ sous forme de produit de convolution et d'autre part, par Rahman à l'aide de la dynamique moléculaire qui, dans ce cas, trouve beaucoup d'intérêts. Les résultats** de ces deux travaux ont été comparés et sont en bon accord (figure 14b).

La fonction de distribution d'autodiffusion G(x,t) peut être analysée dans le détail. Dans un gaz parfait, un atome maintient sa vitesse indéfiniment et par conséquent se déplace de la distance x durant un temps t si sa vitesse initiale est $\frac{x}{t}$. La probabilité d'une telle vitesse initiale est donnée par la fonction de distribution des vitesses de Maxwell et l'on a :

$$G(x,t) = \pi^{-3/2}\, v_o^{-3} |t|^{-3} \exp\left[-x^2/(v_o t)^2\right]$$

où $v_o = (2kT/m)^{1/2}$.

Dans les gaz denses et liquides, la situation est différente pour G(x,t) qui pour des très petits temps de l'ordre de : $|t| \sim \hbar/kT$ est entièrement concentrée dans une région $r \sim \lambda_B$ où λ_B est la longueur de De Broglie ($\lambda_B = \hbar/(2mkT)^{1/2}$). Cependant, la longueur De Broglie est très petite comparée aux distances interatomiques.

Dans ce petit volume, il peut se produire des effets quantiques assez appréciables.

Ainsi on peut utiliser pour G(x,t) la relation :

$$G(x,t) \simeq \left\{2\pi t(kTt-i\hbar)/m\right\}^{-3/2} \exp\left\{-mx^2/\left[2t(kTt-i\hbar)\right]\right\}$$

Mais G(x,t) n'a pas toujours un comportement gaussien et pour pallier cette carence, Rahman*** a exprimé G(x,t) par un développement

* Démonstration en annexe 6

** Rahman, Physical Review, vol.136, nbre 2A (1964)

*** Rahman, Physical Review, 136, A405 (1964).

de la fonction en série de polynômes d'Hermite :

$$G(x,t) = [4\pi\rho(t)]^{-3/2} \exp[-x^2/4\rho(t)] \times$$

$$[1 + b_1(t)He_6(t) + b_2(t)He_8(t)....]$$

$$\rho(t) = <x^2>/6$$

Le produit de convolution donne $\psi(x_{max},t)$ qui est représenté sur la figure 14b. Elle traduit la dégénérescence de la fonction de corrélations avec la fonction G(x,t) obtenue par Rahman.

Ces dernières réflexions montrent que la détermination des distributions doubles dans l'espace et dans le temps pour les liquides et gaz denses présente les mêmes difficultés que pour la détermination des corrélations d'espace instantanées.

Dans le cas de gaz neutres à basses températures, les particules en milieu dense ont une longueur d'onde de De Broglie $\lambda_B = \frac{h}{2\pi(2mkT)^{1/2}}$ petite comparée à la distance entre particules. Dans ces conditions, la distinction entre G(x,t) et $\psi(x,t)$ est possible et ces fonctions qui sont indépendantes de la direction de x, vérifient les expressions suivantes :

$$G(x,0) = \delta(x) \qquad \psi(x,0) = g(x)$$

$$\lim_{x\to\infty} G(x,t') = \lim_{t\to\infty} G(x',t) = 0$$

En effet, dans ces conditions la longueur de De Broglie étant petite comparée aux distances intermoléculaires, aucun effet quantique ne se manifestera dans $\psi(x,t)$.

7.3. INTRODUCTION DE LA DEGENERESCENCE DE $\psi(x,t)$ DANS LE POSTULAT DE LA RELAXATION LINEAIRE DE LA FONCTION DE DISTRIBUTION DOUBLE

Dans l'approche mathématique du postulat, en utilisant les propriétés des fonctionnelles, (I.22) le terme χ_{123} fait apparaître une troisième particule qui peut être considérée comme l'environnement. Cet environnement se retrouve à travers la fonction de corrélation $\psi(x,t)$.

Mais, dans le postulat F.S., la fonction de distribution radiale est considérée constante durant la relaxation de la fonction de distribution double.

Dans le cas de basses températures, le rôle des corrélations devient prédominant, et l'on observe pour de fortes densités une importante dégénérescence de la fonction de corrélation en fonction du temps.

De ce fait, l'introduction dans l'équation de conservation de l'énergie d'un potentiel dérivant d'une force moyenne oblige de tenir compte dans la fermeture de cette dégénérescence.

Le calcul de la dérivée* de $\psi_{qdt=0}(x,t)$ par rapport au temps $\frac{d\psi(x,t)}{dt}$ conduit à une valeur infinie ce qui signifie que pour un temps très faible (10^{-14} s) la fonction $\psi(x,t)$ dégénère rapidement. Ainsi dans le postulat F.S., doit-on introduire cette dégénérescence. Il s'écrira :

$$\frac{f_1 f_2 \psi_{12}(x,t) - f_{12}}{\tau} = \hat{G}_{12} \chi_{123} \, .$$

avec $$\hat{G}_{12} = -\frac{1}{m}\int \left[\vec{X}_{13}\frac{\partial}{\partial \vec{w}_1} + \vec{X}_{23}\frac{\partial}{\partial \vec{w}_2}\right] \ldots dx_3 dw_3 .$$

Non seulement il faut considérer la relaxation linéaire de la fonction de distribution double, mais aussi la dégénérescence des fonctions de corrélation qu'on peut considérer comme quasi-linéaire sur l'intervalle de temps τ.

7.4. CALCUL DE τ RELAXATION A PARTIR DE L'EQUATION DE CONSERVATION DE L'ENERGIE

Lorsque la température du milieu diminue et la densité particulaire augmente, l'espace de dissipation qui traduit la relaxation de la fonction de distribution double et la dégénérescence de la fonction $\psi(x,t)$ a tendance à diminuer.

La distance moyenne parcourue par les particules durant le temps τ de relaxation et dégénérescence suit une loi dont la probabilité G(x,t) permet de définir l'intervalle de dissipation $\{x_F - \gamma\}$.

*Annexe 6

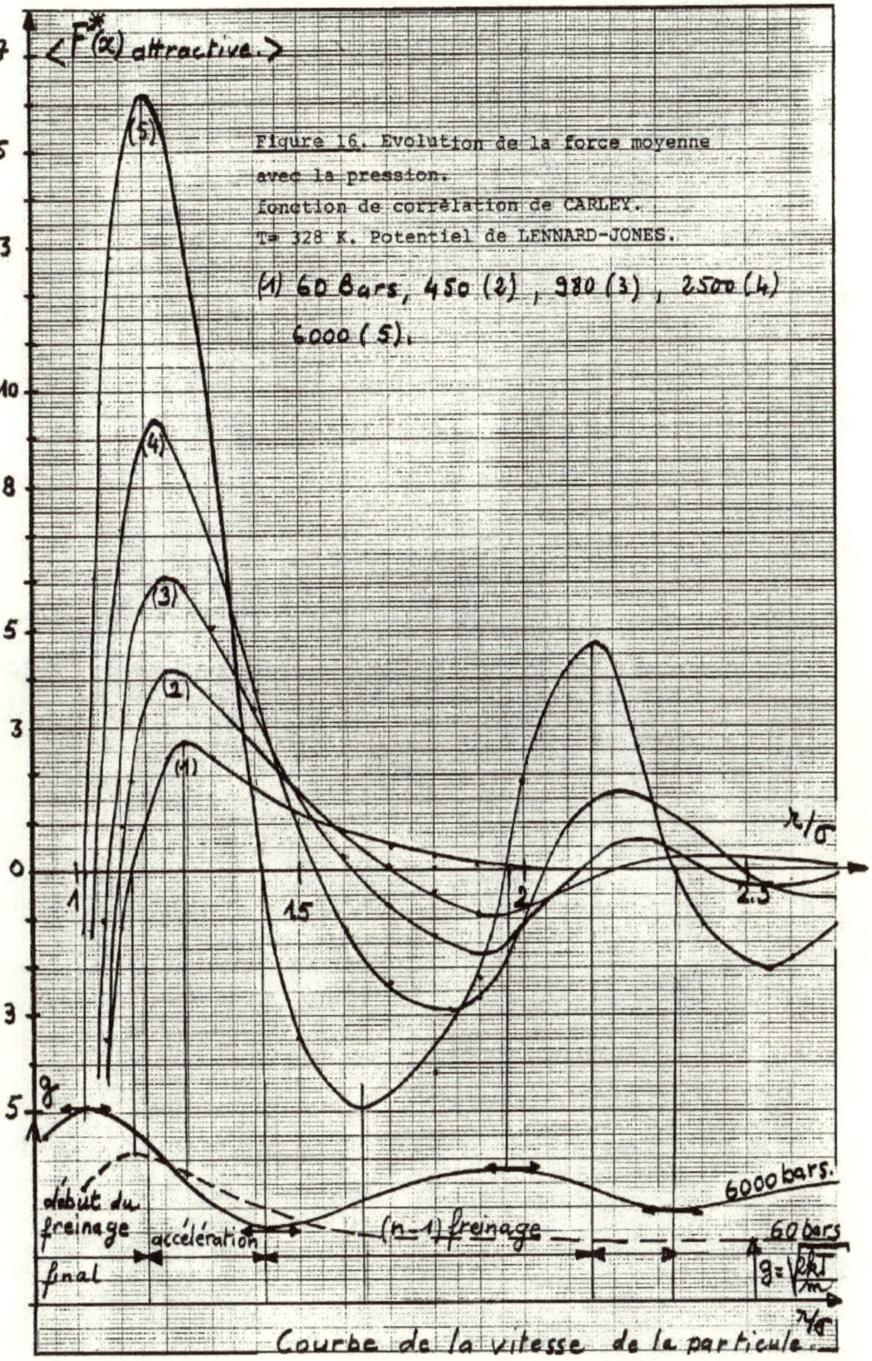

<F*(x) attractive>
17
15
13
10
8
5
3
0
3
5
(5)
(4)
(3)
(2)
(1)
Figure 16. Evolution de la force moyenne
avec la pression.
fonction de corrélation de CARLEY.
T= 328 K. Potentiel de LENNARD-JONES.
(1) 60 Bars, 450 (2), 980 (3), 2500 (4)
6000 (5).
r/σ
1
1.5
2
2.5
g
début du
freinage
final
accélération
(n-1) freinage
6000 bars.
60 bars
g = √(kT/m)
r/σ
Courbe de la vitesse de la particule.

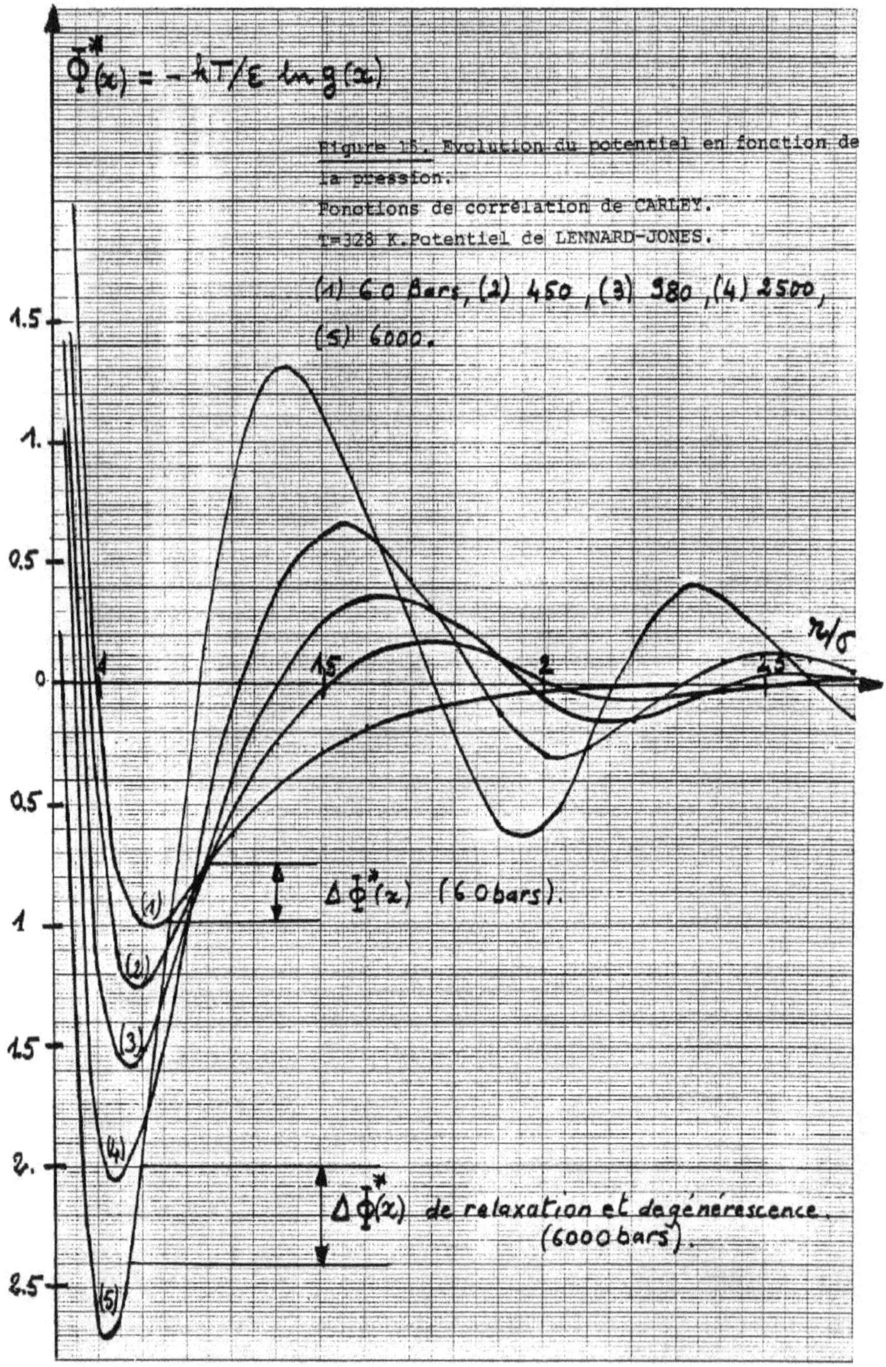

Figure 15. Evolution du potentiel en fonction de la pression.
Fonctions de corrélation de CARLEY.
T=328 K. Potentiel de LENNARD-JONES.

Si $\gamma - x_F = \Delta$

$$\Delta = \sqrt{<x^2>} = \sqrt{\int x^2 G(x,t)\,dx}.$$

$G(x,t)$ est comme précédemment une fonction qui donne la probabilité d'une particule de se déplacer de la quantité x durant le temps t.

En effet, dans les calculs de la viscosité à partir de l'équation F.S. générale, on ne tient pas compte de la dégénérescence de $\psi(x,t)$, seulement dans le coefficient de dilatation où :

$$\frac{d\psi}{dt} = \frac{\partial\psi}{\partial n} \cdot \frac{\partial n}{\partial t} = - \frac{\partial\psi}{\partial \lg n} \cdot \frac{\partial}{\partial \vec{x}} \cdot \vec{v} .$$

De ce fait, on peut contracter l'espace pour compenser les termes qui manquent et imaginer les particules figées durant ce temps très court ($\simeq 10^{-14}$ s).

L'équation de conservation de l'énergie donne alors :

$$\frac{m}{4} \dot{r}^2 + r^2\omega^2 + \left(-kT \ln g(r)\right) = \frac{1}{4} mg^2$$

et permet d'obtenir τ intégré sur le domaine $\mathcal{D}$ sous la forme d'une intégrale triple :

$$\tau = \frac{16\pi}{\gamma^2}\left(\frac{m}{4\pi kT}\right)^{3/2} \int_0^\infty \frac{e^{-mg^2/4kT}}{\left(1+\frac{4kT\ln g(\gamma)}{mg^2}\right)} \times g \int_{b_0}^{b_{Max}} b \int_{\mathcal{D}} \frac{dr}{\left(1-\frac{b^2}{r^2}+\frac{4kT\ln g(r)}{mg^2}\right)^{1/2}} \, db\, dg$$

<u>Détermination du domaine $\mathcal{D}$ de dissipation</u>

On pose $x_{mD} = (x_F + \gamma)/2$. x_{mD} est alors le centre de la relaxation. C'est là où la dissipation est maximum (chapitre 1).

Mais quand la densité augmentera la partie de la courbe où la force décroît (figure 16) aura une pente de plus en plus forte, elle traduira ainsi une dissipation plus rapide mais aussi plus intense.

Si $\psi(x,t)$ est constant sur τ, on peut considérer de la manière la plus naïve une contraction exponentielle de l'espace.

L'espace $d\Delta$ non parcouru pourra être proportionnel à la densité particulaire et à la vitesse des particules :

$$d\Delta \not\# \lambda(T)d\rho \ .$$

$d\Delta$ représente la perte d'espace non parcouru par la particule due à l'augmentation de densité.

A l'origine, c'est-à-dire à pression atmosphérique, la zone de dissipation avait la grandeur $\Delta_o = \gamma - x_F$ centrée en x_{mD}.
$\lambda(T)$ est un facteur relatif aux différentes fonctions de corrélation et à la température.

L'espace relatif perdu est de la forme :

$$\frac{d\Delta}{\Delta} = -\ \lambda(T)d\rho \ .$$

d'où $$\ln \Delta = -\lambda(T).\rho + C^*$$

et $$\underline{\Delta = \Delta_o \exp\left(-\lambda(T)\rho\right)} \ .$$

Les nouvelles bornes de la première intégrale de τ s'écrivent en fonction de la densité particulaire et du facteur $\lambda(T)$:

$$x_F = x_{mD} - \frac{\Delta}{2}.\exp\left(-\lambda(T)\rho\right)$$

et $$\gamma = x_{mD} + \frac{\Delta}{2}.\exp\left(-\lambda(T)\rho\right) \ .$$

<u>Résultats obtenus et commentaires</u>

Le tableau 10 confirme la limitation de l'expression $\tau = \tau_{P.A.}(1 - \frac{\pi}{2} n\sigma^3)$ en fonction de la densité. Dans ces calculs, la fonction de distribution radiale est obtenue à partir d'une équation intégrale paramétrique définie par Carley. Elle donne en fait les mêmes résultats que l'équation P.Y.. L'étude de son élaboration ne laisse pas beaucoup de doutes quant à la qualité des fonctions obtenues.

---

*Pour trouver C $\rho = 0 \rightarrow \Delta = \Delta_o$.

T	ρgcm^{-3}	$\tau_{th.}$	$\tau_{exp.}$	$\mu_{cin.}$	$\mu_{int.}$	μ_{totale}	$\mu_{exp.}$	$\Delta\mu/\mu$	Bars
300	0.0161	$0.378\ 10^{-13}$	$0.3763\ 10^{-13}$	$0.2299\ 10^{-4}$	$0.3731\ 10^{-8}$	$0.2299\ 10^{-4}$	$0.2309\ 10^{-4}$	-0.004	10
400	0.0120	$0.354\ 10^{-13}$	$0.3553\ 10^{-13}$	$0.2909\ 10^{-4}$	$0.2102\ 10^{-8}$	$0.2910\ 10^{-4}$	$0.2904\ 10^{-4}$	0.002	
500	0.0095	$0.334\ 10^{-13}$	$0.3357\ 10^{-13}$	$0.3441\ 10^{-8}$	$0.3442\ 10^{-4}$	$0.3442\ 10^{-4}$	$0.3432\ 10^{-4}$	0.002	
600	0.0079	$0.317\ 10^{-13}$	$0.3194\ 10^{-13}$	$0.3932\ 10^{-4}$	$0.9765\ 10^{-9}$	$0.3932\ 10^{-4}$	$0.3913\ 10^{-4}$	0.005	
300	0.1676	$0.323\ 10^{-13}$	$0.3311\ 10^{-13}$	$0.2597\ 10^{-4}$	$0.3571\ 10^{-6}$	$0.2632\ 10^{-4}$	$0.2575\ 10^{-4}$	0.02	100
400	0.1194	$0.318\ 10^{-13}$	$0.3274\ 10^{-13}$	$0.3146\ 10^{-4}$	$0.1919\ 10^{-6}$	$0.3166\ 10^{-4}$	$0.3075\ 10^{-4}$	0.03	
500	0.0941	$0.309\ 10^{-13}$	$0.3175\ 10^{-13}$	$0.3640\ 10^{-4}$	$0.1250\ 10^{-6}$	$0.3653\ 10^{-4}$	$0.3559\ 10^{-4}$	0.02	
600	0.0781	$0.296\ 10^{-13}$	$0.3043\ 10^{-13}$	$0.4118\ 10^{-4}$	$0.8915\ 10^{-7}$	$0.4127\ 10^{-4}$	$0.4013\ 10^{-4}$	0.02	
300	0.4828	$0.226\ 10^{-13}$	$0.2215\ 10^{-13}$	$0.3339\ 10^{-4}$	$0.2291\ 10^{-5}$	$0.3568\ 10^{-4}$	$0.3638\ 10^{-4}$	-0.02	300
400	0.3381	$0.252\ 10^{-13}$	$0.2622\ 10^{-13}$	$0.3666\ 10^{-4}$	$0.1317\ 10^{-5}$	$0.3798\ 10^{-4}$	$0.3662\ 10^{-4}$	0.03	
500	0.2651	$0.258\ 10^{-13}$	$0.2709\ 10^{-13}$	$0.4067\ 10^{-4}$	$0.8854\ 10^{-6}$	$0.4156\ 10^{-4}$	$0.3963\ 10^{-4}$	0.04	
600	0.2203	$0.256\ 10^{-13}$	$0.2705\ 10^{-13}$	$0.4494\ 10^{-4}$	$0.6487\ 10^{-6}$	$0.4559\ 10^{-4}$	$0.4321\ 10^{-4}$	0.05	
300	0.6930	$0.187\ 10^{-13}$	$0.1500\ 10^{-13}$	$0.3639\ 10^{-4}$	$0.4309\ 10^{-5}$	$0.4070\ 10^{-4}$	$0.4882\ 10^{-4}$	-0.20	500
400	0.5115	$0.221\ 10^{-13}$	$0.2073\ 10^{-13}$	$0.3853\ 10^{-4}$	$0.2858\ 10^{-5}$	$0.4139\ 10^{-4}$	$0.4384\ 10^{-4}$	-0.05	
500	0.4084	$0.220\ 10^{-13}$	$0.2308\ 10^{-13}$	$0.4464\ 10^{-4}$	$0.1911\ 10^{-5}$	$0.4655\ 10^{-4}$	$0.4457\ 10^{-4}$	0.04	
600	0.3422	$0.226\ 10^{-13}$	$0.2398\ 10^{-13}$	$0.4819\ 10^{-4}$	$0.1458\ 10^{-5}$	$0.4964\ 10^{-4}$	$0.4692\ 10^{-4}$	0.05	

TABLEAU 13 : Coefficient de viscosité de l'argon. Potentiel de Lennard-Jones σ = 3.405 Å
τ déduit de l'équation de conservation de l'énergie. Contraction de l'espace en
$\Delta = \Delta_o \exp - 0,4\ \rho$. Equations de corrélation de Percus-Yevick.

T	ρ g/cm^3	Fond du puits x_m	Maximum de la force dérivée de Lagrange	Maximum de la force moindres carrés	x_{md}	Δ relaxation et dégénérescence	λ de De Broglie $\lambda^* = \lambda/\sigma$	Pression bars	Erreur introduite sur τ
328	0.016	1.1205	1.2421	1.2401	1.1793	0.0841	0.0126	10	$5\ 10^{-3}$
	0.084	1.1176	1.2400	1.2384	1.1770	0.0808	0.0126	60	$5\ 10^{-3}$
	0.252	1.1093	1.2336	1.2313	1.1693	0.0730	0.0126	160	$8\ 10^{-3}$
	0.588	1.1092	1.2156	1.2215	1.1554	0.05973	0.0126	450	$2\ 10^{-2}$
	0.924	1.0694	1.2003	1.1966	1.1320	0.04882	0.0126	980	$2{,}3\ 10^{-2}$
	1.260	1.0481	1.1781	1.1840	1.1151	0.3991	0.0126	2500	$5\ 10^{-2}$
	1.680	1.0234	1.1596	1.1562	1.0873	0.03101	0.0126	6000	$5\ 10^{-2}$

TABLEAU 14

Evolution du fond du puits x_m et du maximum de la force. Erreur induite sur τ. Equation de corrélation de Carley.

Cependant, le recours à une équation plus complète pour la détermination de τ s'avère nécessaire. Il a fait l'objet d'une étude dans (7.d et e). La dégénérescence de $\psi(x,t)$ nous a obligé de tenir compte de l'espace parcouru par la particule. Les résultats obtenus pour décrire un gaz dense et liquide sont dans l'ensemble satisfaisants et laissent penser que cette première approche, avec une analyse plus fine pourra conduire à une meilleure compréhension des états de ces fluides.

Le recours à trois fonctions de corrélation différentes permet de se rendre mieux compte de la théorie dans un vaste domaine de températures (70 K à 600 K) et de densité (0,01 ; 1,68 g/cm^3).

Les trois fonctions de corrélation utilisées sont respectivement les fonctions de P.Y., de Carley, de Verlet obtenues par la dynamique moléculaire.

Une analyse pour chacune d'elles permet de mieux comprendre les écarts obtenus avec l'expérience.

- Les résultats obtenus avec la <u>fonction de corrélation de Percus-Yevick</u> ne présentent pas de particularités, étant donné que dans ce domaine de pressions et températures l'approximation linéaire était suffisante. Cependant ils confirment l'utilisation de l'équation de conservation de l'énergie. L'espace parcouru par la particule fictive est de la forme $\Delta = \Delta_o \exp - 0{,}4\ \rho$ ($\lambda(T) = 0{,}4$). Le facteur 0,4 tient compte de la nature de la fonction corrélation et du domaine de températures (tableau 13). La précision relative des fonctions de corrélation est de l'ordre de 10^{-4} *.

- Dans le cas des <u>fonctions de corrélation de Carley</u>, le domaine de pressions est étendu jusqu'à 6000 bars. Le facteur $\lambda(T)$ est égal maintenant à 0.6 ; il tient compte de la fonction de corrélation elle-même.
La précision dans la détermination des fonctions de corrélation semble suffisante (10^{-4} précision relative). Cette précision permet, entre autre, d'obtenir la dérivée $\frac{d\Phi^*}{dx}$ dans de bonnes conditions

*Mémoire Ing. CNAM Ternon.

COEFFICIENTS DE VISCOSITE DE L'ARGON T = 328 K (MKSA)

ρgcm^{-3}	$\tau_{th.}$	$\tau_{exp.}$	$\mu_{cin.}$	$\mu_{int.}$	μ_{totale}	$\mu_{exp.}$	$\Delta\mu/\mu$	Pressions bars
0.0168	$0.369\ 10^{-13}$	$0.371\ 10^{-13}$	$0.2504\ 10^{-4}$	$0.3963\ 10^{-8}$	$0.2505\ 10^{-4}$	$0.2485\ 10^{-4}$	0.007	11,5
0.0840	$0.339\ 10^{-13}$	$0.349\ 10^{-13}$	$0.2654\ 10^{-4}$	$0.9462\ 10^{-7}$	$0.2664\ 10^{-4}$	$0.2585\ 10^{-4}$	0.03	60
0.2520	$0.273\ 10^{-13}$	$0.297\ 10^{-13}$	$0.3146\ 10^{-4}$	$0.7168\ 10^{-6}$	$0.3217\ 10^{-4}$	$0.2964\ 10^{-4}$	0.078	166
0.5881	$0.169\ 10^{-13}$	$0.183\ 10^{-13}$	$0.4405\ 10^{-4}$	$0.2770\ 10^{-5}$	$0.4682\ 10^{-4}$	$0.4370\ 10^{-4}$	0.066	450
0.9241	$0.923\ 10^{-14}$	$0.897\ 10^{-14}$	$0.6552\ 10^{-4}$	$0.4553\ 10^{-5}$	$0.7008\ 10^{-4}$	$0.7186\ 10^{-4}$	0.025	980
1.2602	$0.442\ 10^{-14}$	$0.378\ 10^{-14}$	$0.1049\ 10^{-3}$	$0.5206\ 10^{-5}$	$0.1101\ 10^{-3}$	$0.1271\ 10^{-3}$	0.15	2500
1.6803	$0.107\ 10^{-14}$	$0.117\ 10^{-14}$	$0.2986\ 10^{-3}$	$0.3157\ 10^{-5}$	$0.3018\ 10^{-3}$	$0.2763\ 10^{-3}$	0.08	6000

TABLEAU 15

τ_{th} est déduit de l'équation de conservation de l'énergie. Contraction de l'espace sur $\mathcal{D}$ en $\Delta = \Delta_o \exp(-0,6\ \rho)$. Fonctions de corrélation de Carley et potentiel de Lennard-Jones

$\sigma = 3.405$ Å et $\varepsilon = 119.8$ K

(Tableau 14). Pour ce calcul, deux méthodes de dérivation sont utilisées, une des plus traditionnelles, méthode de Lagrange, et une autre dite des moindres carrés, qui après lissage de la courbe donne la dérivée au point désiré. Malgré la précision de la fonction g(x), la dérivation dans la zone du point d'inflexion introduit une erreur sur le temps τ de l'ordre 5 % à 6000 bars.

Ceci se comprend en regardant la figure 15. En effet, la pente de la fonction g(x) est très importante. Elle traduit aussi la forte décroissance de la force moyenne $<F^*>$ (figure 16).

Ces variations de la force moyenne $<F^*>$ se répercutent sur la vitesse de la particule fictive. Celle-ci est accélérée, puis freinée, à nouveau accélérée et ainsi de suite jusqu'au dernier freinage (figure 16).

Sur la figure 14, on a représenté la valeur de τ en fonction de la densité. Jusqu'à 0,6 g cm^{-3} l'approximation linéaire est correcte, mais à partir d'une certaine densité le temps τ semble tendre vers une limite.

Ainsi, l'équation de conservation de l'énergie semble bien répondre au calcul du temps τ dans un large domaine de densité.

La nouvelle hypothèse pour la relaxation linéaire permet de tenir compte de l'environnement lors de la collision ; l'introduction de la dégénérescence de $\psi(x,t)$ dans le calcul de τ par contraction de l'espace dissipatif parcouru par la particule fictive en rapport avec la densité semble répondre à la réalité physique du problème. Le tableau 15 montre le bon accord entre la théorie et l'expérience dans le domaine de pressions de 10 à 6000 bars, pour une température T = 328 K.

En outre, ces résultats montrent qu'aux hautes pressions les contributions dues aux collisions à courte distance sont importantes, et traduisent qu'à basse densité le transport convectif est prépondérant, alors qu'à haute densité le transport par collision augmente rapidement.

- Fonctions de corrélation obtenues par la dynamique moléculaire

Dans ce cas la détermination de la fonction de corrélation est nettement moins bonne, et la précision relative est de l'ordre de 10^{-3}. Les calculs par la dynamique moléculaire nécessitent des temps importants (1 heure pour une fonction avec 1 UNIVAC) d'où cette précision. Les travaux de Verlet présentent cependant un intérêt important car ils permettent de se faire une idée sur les corrélations jusqu'à l'état liquide de l'argon. Ils ont permis, entre autre, à Carley de définir le coefficient a pour l'obtention de ses fonctions de corrélation à l'aide de l'équation intégrale paramétrique. Mais, la détermination du maximum de la force moyenne $\langle F \rangle$ reste très incertaine comme peut en témoigner le tableau 16.

La figure 16 montre le rôle des forces interparticulaires à mesure que la densité augmente. Ainsi le rôle des collisions devient prédominant.

La difficulté de déterminer le maximum de la force par dérivation numérique avec précision n'a pas permis d'obtenir des résultats très corrects pour les densités les plus élevées, comme il l'a été fait pour l'équation intégrale de Carley (tableau 17).

D'une manière générale, la physique statistique conduit à des calculs très délicats pour les gaz denses et liquides. Le calcul de la viscosité a permis de présenter une analyse simple des fonctions de corrélations obtenues par différentes méthodes dans le cas d'un potentiel de Lennard-Jones et le rôle prédominant qu'elles peuvent avoir sur la détermination des coefficients de transport.

Il est clair que la structure des fonctions de corrélation aux hautes densités est due en grande partie aux effets gométriques produits par une zone fortement répulsive du potentiel, mais que la zone de relaxation de la fonction de distribution double et de dissipation ne correspond pas à cette partie répulsive qui ne varie que faiblement ; la partie attractive où la force décroît caractérise d'une manière efficace les variations de la densité et de la vitesse des particules.

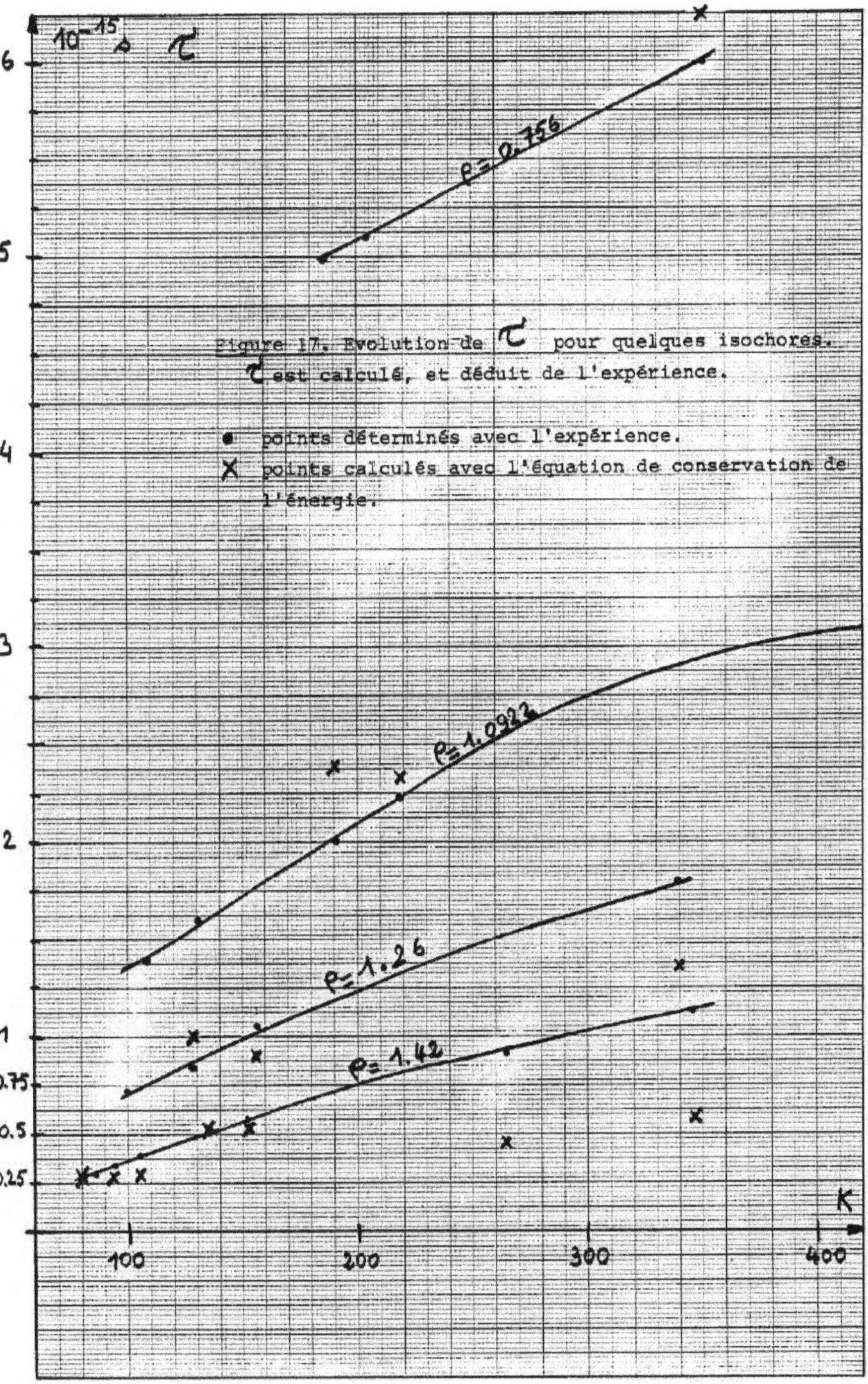

Figure 17. Evolution de τ pour quelques isochores. τ est calculé, et déduit de l'expérience.

● points déterminés avec l'expérience.

X points calculés avec l'équation de conservation de l'énergie.

T	ρ g/cm^3	Fond du puits x_F	Maximum de la force dérivée de Lagrange	Maximum de la force moindres carrés	x_{md}	Δ relaxation et dégénérescence	λ^* de De Broglie $\lambda^* = \lambda/\sigma$	Erreur induite sur τ	Libre parcours moyen Å
439	1.092	0.98490	1.10483	1.10904	1.0460	0.01842	0.0109	1.5 %	1.60
218	"	1.01407	1.10640	1.11186	1.0620	0.01842	0.0154	5 %	
189	"	1.01602	1.1438	1.11643	1.0652	0.01842	0.0166	3 %	
162	0.8401	1.02704	1.17648	1.17373	1.0994	0.02622	0.0179	2 %	
351	0.7560	1.01234	1.12003	1.11893	1.0646	0.02949	0.0122	2 ‰	2.4
131	1.478	0.99843	1.10499	1.11176	1.0541	0.01072	0.01999	6 %	
112	"	1.00641	1.14058	1.12729	1.0658	0.01072	0.0216	5 %	
70.7	"	1.01758	1.08435	1.14573	1.0806	0.01072	0.0272	7 %	1.2

TABLEAU 16

Evolution du fond du puits et du maximum de la force. Erreur induite sur τ. Fonction de corrélation de Verlet.

T	ρgcm^{-3}	$\tau_{th.}$ (s)	$\tau_{exp.}$ (s)	$\mu_{cin.}$	$\mu_{int.}$	μ_{totale}	$\mu_{exp.}$	$\Delta\mu/\mu$ %
439.1	1.0922	$0.2179\ 10^{-14}$	$0.3139\ 10^{-14}$	$0.1351\ 10^{-3}$	$0.3514\ 10^{-5}$	$0.1387\ 10^{-3}$	$0.9888\ 10^{-4}$	0.28
218.7	"	$0.2392\ 10^{-14}$	$0.2231\ 10^{-14}$	$0.8306\ 10^{-4}$	$0.3029\ 10^{-5}$	$0.8609\ 10^{-4}$	$0.9190\ 10^{-4}$	-0.067
189.6	"	$0.2427\ 10^{-14}$	$0.2007\ 10^{-14}$	$0.7367\ 10^{-4}$	$0.3003\ 10^{-5}$	$0.7667\ 10^{-4}$	$0.9159\ 10^{-4}$	-0.19
162.8	0.8401	$0.3593\ 10^{-14}$	$0.3852\ 10^{-14}$	$0.5382\ 10^{-4}$	$0.2151\ 10^{-5}$	$0.5598\ 10^{-4}$	$0.5252\ 10^{-4}$	0.06
351.1	0.7560	$0.6391\ 10^{-14}$	$0.5986\ 10^{-14}$	$0.4985\ 10^{-4}$	$0.3768\ 10^{-5}$	$0.5362\ 10^{-4}$	$0.5676\ 10^{-4}$	0.05
340.5	1.2602	$0.1097\ 10^{-14}$	$0.1791\ 10^{-14}$	$0.2010\ 10^{-3}$	$0.2465\ 10^{-5}$	$0.2035\ 10^{-3}$	$0.1272\ 10^{-3}$	0.37
156.1	"	$0.9333\ 10^{-15}$	$0.1058\ 10^{-14}$	$0.1529\ 10^{-3}$	$0.1602\ 10^{-5}$	$0.1545\ 10^{-3}$	$0.1367\ 10^{-3}$	0.11
128	"	$0.1004\ 10^{-14}$	$0.9028\ 10^{-15}$	$0.1279\ 10^{-3}$	$0.1604\ 10^{-5}$	$0.1295\ 10^{-3}$	$0.1438\ 10^{-3}$	-0.11
345.7	1.4282	$0.6404\ 10^{-15}$	$0.1149\ 10^{-14}$	$0.3008\ 10^{-3}$	$0.2119\ 10^{-5}$	$0.3030\ 10^{-3}$	$0.1714\ 10^{-3}$	0.43
263.6	"	$0.4759\ 10^{-15}$	$0.9308\ 10^{-15}$	$0.3416\ 10^{-3}$	$0.1454\ 10^{-5}$	$0.3431\ 10^{-3}$	$0.1775\ 10^{-3}$	0.48
152.3	"	$0.5468\ 10^{-15}$	$0.5750\ 10^{-15}$	$0.2172\ 10^{-3}$	$0.1393\ 10^{-5}$	$0.2186\ 10^{-3}$	$0.2080\ 10^{-3}$	0.05
135	"	$0.5134\ 10^{-15}$	$0.5161\ 10^{-15}$	$0.2197\ 10^{-3}$	$0.1241\ 10^{-5}$	$0.2210\ 10^{-3}$	$0.2198\ 10^{-3}$	0.005
105	"	$0.2910\ 10^{-15}$	$0.3835\ 10^{-15}$	$0.3341\ 10^{-3}$	$0.6499\ 10^{-6}$	$0.3348\ 10^{-3}$	$0.2544\ 10^{-3}$	0.24
94.1	"	$0.2786\ 10^{-15}$	$0.3332\ 10^{-15}$	$0.3284\ 10^{-3}$	$0.5996\ 10^{-6}$	$0.3290\ 10^{-3}$	$0.2753\ 10^{-3}$	0.16
131	1.4786	$0.4056\ 10^{-15}$	$0.4063\ 10^{-15}$	$0.2551\ 10^{-3}$	$0.1106\ 10^{-5}$	$0.2562\ 10^{-3}$	$0.2558\ 10^{-3}$	0.02
112	"	$0.2794\ 10^{-15}$	$0.3387\ 10^{-15}$	$0.3420\ 10^{-3}$	$0.7174\ 10^{-6}$	$0.3427\ 10^{-3}$	$0.2830\ 10^{-3}$	0.17
70.74	"	$0.1937\ 10^{-15}$	$0.1663\ 10^{-15}$	$0.3755\ 10^{-3}$	$0.4314\ 10^{-6}$	$0.3760\ 10^{-3}$	$0.4377\ 10^{-3}$	0.16

TABLEAU 17

Coefficients de viscosité de l'argon liquide. Fonctions de corrélation de Verlet (dynamique moléculaire). τ de relaxation et dégénérescence déduit de l'équation de conservation de l'énergie. Contraction de l'espace en $\Delta = \Delta_o \exp - 1{,}4\ \rho$. Potentiel de Lennard-Jones.

CONCLUSION

L'équation générale F.S. et les travaux de J.Frey conduisent à déterminer un coefficient de transport à la fois pour un gaz dilué et dense. Ils font apparaître deux coefficients de viscosité l'un cinétique, l'autre interparticulaire.

Si le second n'intervient pas dans le calcul des gaz dilués, il prend toute son importance dans un gaz dense et on ne peut le négliger (tableau 9).

La comparaison effectuée permet de penser qu'avec la nouvelle définition du temps τ on a accès avec la relation générale F.S. à la viscosité des gaz denses. Cependant, la fonction potentiel pourrait être déterminée encore plus précisément, en utilisant un grand nombre de grandeurs thermodynamiques et en ne se limitant pas à la viscosité de la théorie de Boltzmann et au second coefficient du viriel. Elle permettrait des comparaisons plus rigoureuses avec l'expérience, car la théorie d'Enskog qui succède à la théorie de Boltzmann ne peut décrire les phénomènes physiques réels, son désaccord avec l'expérience et la théorie F.S. est flagrant. La théorie d'Enskog ne demande pas la connaissance de potentiels interparticulaires réalistes.

L'utilisation de différentes fonctions de corrélation et l'équation de conservation de l'énergie permet de montrer que la relation théorique utilisant l'hypothèse d'une relaxation de la fonction de distribution double dans la partie attractive où la force moyenne $\langle F \rangle$ décroît jusqu'à une valeur nulle est une approche assez réaliste, car elle intègre de nombreux phénomènes.

Ainsi on tient compte des variations de la densité et de la vitesse cinétique des particules, à travers les corrélations, qu'une partie positive et répulsive du potentiel ne peut refléter. Les résultats obtenus sont en bon accord avec l'expérience dans un large domaine de températures et de densité. Le modèle nécessite cependant quelques améliorations pour tenir compte à haute densité de la vitesse cinétique des particules, et faire le lien entre les basses et hautes températures.

CONCLUSION GENERALE

Dans sa thèse d'Etat,* J.Frey avait proposé un ordre de grandeur du temps τ de relaxation fort raisonnable correspondant au temps de passage d'une particule dans un espace de dimension moléculaire directement lié aux caractéristiques du potentiel. Cette première approche donne des résultats très satisfaisants. Ceux obtenus par simulation dans ce travail ont permis de décrire plus précisément la région de dissipation pouvant satisfaire le second principe de la thermodynamique. Elle revient à traduire un phénomène de friction, c'est-à-dire "la transformation d'énergie en chaleur" au niveau du processus élémentaire qu'est la collision de deux particules dans un gaz. Ce processus irréversible de freinage représente au sens de Lochak** une flèche microscopique du temps, mais il peut être aussi le siège d'une onde de dissipation associée à la collision qui traduit physiquement la croissance de l'entropie, conditionne le retour à l'équilibre et décrit le processus de micro-irréversibilité dû au freinage. Les résultats du chapitre I confirment, en utilisant un même potentiel avec les mêmes valeurs de σ et ε dans les théories de Boltzmann et F.S. qu'on obtient une bonne correspondance avec l'expérience. L'utilisation dans le cas des gaz denses de la fonction de distribution radiale autorise à dire à travers les résultats obtenus au chapitre II, que l'hypothèse de la zone attractive de dissipation définie par simulation pour décrire le temps τ de relaxation est cohérente. En effet, cette zone attractive caractérise les effets dissipatifs responsables de l'évolution des vitesses alors que la zone répulsive du potentiel caractérise la configuration géométrique du milieu.

Sans ambiguïté, les valeurs du coefficient de viscosité obtenues à l'aide de l'équation cinétique F.S. et de "cette nouvelle hypothèse d'irréversibilité" sont meilleures que celle de la théorie d'Enskog comparées à l'expérience (dans le cas des systèmes denses). Les calculs avec d'autres fonctions de corrélation ont permis de confirmer les résultats obtenus avec l'équation de Percus-Yévick et d'étendre cette nouvelle hypothèse avec l'équation de conservation jusqu'à l'argon liquide.

---

*Thèse d'Etat, Orsay, Frey.

**G.Lochak, l'Irréversibilité en physique.

Cependant, les calculs deviennent de plus en plus longs et de plus en plus délicats.

Il reste aussi un doute sur τ, son existence et sa signification physique que seule l'expérience serait en mesure de mettre en évidence, mais c'est un problème qu'il est difficile d'aborder dans l'immédiat.

Quoiqu'il en soit, ce temps τ reste relié aux dimensions caractéristiques du potentiel*, et au caractère de micro-irréversibilité développé dans ce travail.

---

*Thèse d'Etat, Orsay, Frey.

ORGANIGRAMME DE L'ANALYSE DE L'EXISTANT (INFORMATIQUE)

Viscosité des
gaz neutres

$$\mu = \frac{m}{\tau B} \overset{(1)}{+} \tau \frac{kTC\, n^2}{2} \overset{(2)}{}$$

(n,T,σ,ϵ)

gaz denses

gaz dilués

fonction de corrélation
$g(x) = \exp(-\varphi(x)/kT)$

Intégrale
triple
τ

Intégrale
C

(1). + (2).

. (1)

Approximation
de τ gaz dense
$\tau = \tau PA(1-\frac{\pi}{2}n\sigma^3)$

fonction de
corrélation

Equation intégrale non linéaire,
paramétrique, ou dynamique moléculaire.

Intégrale
B.

dilués

denses

diluées

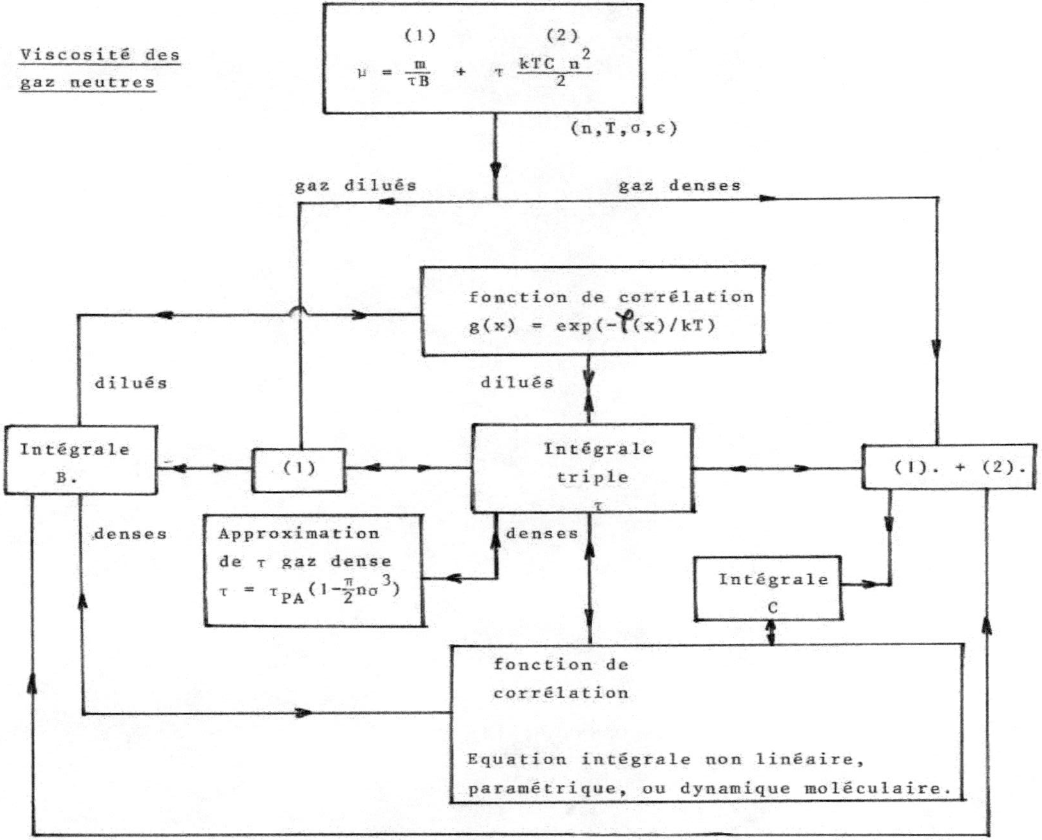

ANNEXES

ANNEXE I : ANALYSE NUMERIQUE

a. CALCUL DU TEMPS COLLISIONNEL MOYEN

Le calcul du temps τ avec un potentiel du type Lennard-Jones ou Hanley-Klein nécessite un lourd calcul numérique (Thèse 3e cycle P.Hoffmann), et les temps de calcul sont de l'ordre de 5 minutes.

Une étude plus approfondie peut nous laisser penser qu'il est possible de trouver une solution "analytique" des deux premières intégrales de τ, tout en conservant une précision dans le calcul toute aussi grande.

Remarquons que dans le cas d'une intégration numérique du type méthode des trapèzes, ou de Simpson, on assimile un morceau d'une fonction quelconque f(x) continue, à une droite, ou une parabole.

Or, rien ne nous empêche d'assimiler sur le domaine $[r_t,\gamma]$ la fonction $\varphi(r)$ (potentiel) de la forme

$$\varphi(r) = 4\varepsilon\left[\left(\frac{\sigma}{r}\right)^{12} - \left(\frac{\sigma}{r}\right)^{6}\right]$$

à une courbe $\phi(r) = \varepsilon\left(a\left(\frac{\sigma}{r}\right)^2 + b\right)$ dans un intervalle Δ qui rendra la première intégrale calculable analytiquement ; ce qui est équivalent à une "méthode de Simpson".

Posons pour la suite des calculs :

$$\phi^* = \phi/\varepsilon \qquad x = \frac{r}{\sigma} \qquad T^* = kT/\varepsilon \qquad v^{*2} = \frac{mg^2}{4\varepsilon}$$

$$\varphi^* = \varphi/\varepsilon \text{ et } b_m^* = \frac{b}{\sigma} \qquad \phi^*(x) = a_i x^{-2} + b_i$$

b_m^*, ϕ^*, x, T^*, v^*, et φ^* seront des coordonnées réduites.

Δt s'écrira :

$$\Delta t = \frac{2\sigma}{\sqrt{\frac{4\varepsilon}{m}} \cdot v^*} \int_{x_t}^{x_{t+\Delta}} \frac{dx}{\left(1 - \frac{b_m^{*2}}{x^2} - \frac{\phi^*}{v^{*2}}\right)^{1/2}} \qquad \text{(A.1)}$$

$$\Delta t = \frac{2\sigma}{v^* \sqrt{\frac{4\varepsilon}{m}}} \cdot \int_{x_t}^{x_{t+\Delta}} \frac{x\,dx}{\left(x^2\left(1 - \frac{b_i}{v^{*2}}\right) - \left(b_m^{2*} + \frac{a_i}{v^{*2}}\right)\right)^{1/2}}$$

L'intégration est immédiate et donne :

$$\frac{2\sigma}{\sqrt{\frac{4\varepsilon}{m}} \cdot \left(1 - \frac{b_i}{v^{*2}}\right) \cdot v^*} \cdot \left(\left[x_{t+\Delta}^2\left(1 - \frac{b_i}{v^{*2}}\right) - \left(b_m^{*2} + \frac{a_i}{v^{*2}}\right)\right]^{1/2}\right.$$

$$\left. - \left[x_t^2\left(1 - \frac{b_i}{v^{*2}}\right) - \left(b_m^{*2} + \frac{a_i}{v^{*2}}\right)\right]^{1/2}\right) \qquad \text{(A.2)}$$

dans l'intervalle $[x_t, x_t+\Delta]$.

L'intégrale sur le domaine $[x_t, \gamma^*]$ s'écrit :

$$\Delta t = \frac{2\sigma}{\sqrt{\frac{4\varepsilon}{m}}} \cdot \sum_{i=1}^{n} \frac{1}{\left(1 - \frac{b_i}{v^{*2}}\right) v^*} \cdot \left\{\left[-b_m^{*2} + A_{i+1}(v^*)\right]^{1/2}\right.$$

$$\left. - \left[-b_m^{*2} + A_i(v^*)\right]^{1/2}\right\} \qquad \text{(A.3)}$$

où $\quad A_{i+1}(v^*) = x_{i+1}^2\left(1 - \frac{b_i}{v^{*2}}\right) - \frac{a_i}{v^{*2}}$

et $\quad A_i(v^*) = x_i^2\left(1 - \frac{b_i}{v^{*2}}\right) - \frac{a_i}{v^{*2}}$

Les a_i et b_i sont les coefficients du potentiel Φ^* d'interpolation entre les points x_i et x_{i+1}. Le domaine $[x_t, \gamma^*]$ est partagé en n intervalles égaux tel que $n = (\gamma^* - x_t)/\Delta$.

Il faut préciser que x_t est déterminé par itération dans l'équation $\varphi^*(x_t) = v^{*2}$.

La valeur de x_t est minimale pour un paramètre d'impact nul. Elle sera maximum pour $x = \gamma^*$, elle correspondra au paramètre d'impact :

$$b^*_{max} = \gamma^* \sqrt{1 - \frac{\Upsilon^*(\gamma^*)}{v^{*2}}}$$

La moyenne de Δt sur la fonction de distribution des paramètres d'impact s'écrit :

$$\langle \Delta t \rangle_b = \frac{2\sigma}{\sqrt{\frac{4\varepsilon}{m}} . v^* . b^{*2}_{max}(v^*)} \int_{b_o}^{b^*_{max}} \sum_{i=1}^{n} \left\{ \frac{\left[-b^{*2}_m + A_{i+1}(v^*)\right]^{\frac{1}{2}} - \left[-b^{*2}_m + A_i(v^*)\right]^{\frac{1}{2}}}{(1 - \frac{b_i}{v^{*2}})} \right\}$$

$$\times\ 2b^*_m db_m \ . \qquad \text{(A.4)}$$

Remarquons que l'on ne peut pas sortir le signe Σ de l'intégrale, car la borne inférieure de la première intégrale Δt, dépend du paramètre d'impact b^*_m.

Aussi dans le domaine $[x_t, \gamma]$, la fonction $b^*_m = x\sqrt{1 - \frac{\Upsilon^*(x)}{v^{*2}}}$ est continue et dérivable, et on s'aperçoit qu'il existe une application biunivoque (*) entre la paramètre b^*_m et x, valeur de la borne de la première intégrale. Par conséquent, la valeur x_t déterminée par itération pour $b^*_m = 0$, permettra de définir b^*_m pour une valeur de x_i quelconque et à :

$$x_i \longrightarrow b^*_m = x_i\sqrt{1 - \frac{\Upsilon(x_i)}{v^{*2}}}$$

(On détermine ainsi les bornes de l'intégrale en b^*_m par morceaux). Pour intégrer $\langle \Delta t \rangle_b$, on pose :

$$B = b^{*2}_m, \qquad dB = 2b^*_m db^*_m$$

L'intégrale prend alors la forme $\int \mathcal{B}^{1/2} d\mathcal{B} = \frac{2}{3\alpha} \mathcal{B}^{3/2}$ où $\mathcal{B} = \alpha B + \beta$.
L'application biunivoque nous donne alors une double somme :

$$\langle \Delta t \rangle_b = \frac{-4\sigma}{3 . \sqrt{\frac{4\varepsilon}{m}} . b^{*2}_{max}(v^*) . v^*} . \left\{ \sum_{j=1}^{n} \left[\sum_{\substack{i=j+1 \\ i>n, \text{ alors } A_{i+1}=A_i}}^{n} \right. \right.$$

$$\left. \left. \times \frac{\left[-b^{*2}_{mj+1} + A_{i+1}\right]^{3/2} - \left[-b^{*2}_{mj+1} + A_i\right]^{3/2}}{(1 - b_i/v^{*2})} - \sum_{i=j}^{n} \frac{\left[-b^{*2}_{mj} + A_{i+1}\right]^{3/2} - \left[b^{*2}_{mj} + A_i\right]^{3/2}}{(1 - b_i/v^{*2})} \right] \right\}$$

(*) rendue biunivoque par contraintes. (A.5)

On voit par conséquent que cette intégrale double peut se réduire à une double somme, et ceci sans utiliser d'approximations. $F(v^*)$ sera la partie entre parenthèses.

Il reste à calculer la troisième intégrale qui réalise la moyenne sur le module des vitesses. L'expression en coordonnées réduites de la fonction de distribution des vitesses est :

$$f(v^*) = \left(\frac{m}{4\pi kT}\right)^{3/2} \times 4\pi \times \frac{4\varepsilon}{m} . v^{*2} \; e^{-v^{*2}/T^*} \qquad (A.6)$$

avec $dv = \sqrt{\frac{4\varepsilon}{m}}\, dv^*$

τ prendra la forme :

$$<\tau> = \frac{-16\pi\sigma}{3.\gamma^{*2}}\left(\frac{m}{4\pi kT}\right)^{3/2} . \left(\frac{4\varepsilon}{m}\right) . \int_0^\infty \frac{v^* . e^{-v^{*2}/T^*} F(v^*)}{1 - \frac{\Psi^*(\gamma^*)}{v^{*2}}} dv^* \qquad (A.7)$$

Notons que l'on peut faire un nouveau changement de variables en transformant v^{*2} en V, alors :

$$A_i = x_i^2 (1 - \frac{b_i}{V}) - \frac{a_i}{V} .$$

La partie intégrale s'écrira :

$$<\tau^*> = - \int_0^\infty \frac{e^{-V/T^*} . F(V)}{(1 - \Psi^*(\gamma^*)/V)} dV \qquad (A.8)$$

et on peut aisément obtenir la valeur de cette intégrale par une méthode de Gauss-Legendre avec beaucoup de précision.
Le terme constant devant l'intégrale pourra se réduire et

$$<\tau> = <\tau^*> \times \frac{4\pi . \sigma . \varepsilon\sqrt{m}}{3\gamma^{*2} (\pi kT)^{3/2}} \qquad (A.9)$$

Cette méthode présente de nombreux intérêts. Elle réduit le temps de calcul et ramène le calcul d'une intégrale triple à une simple intégrale.

Cette réduction du temps de calcul est surtout due au fait qu'il n'est pas nécessaire de déterminer par itération toutes les valeurs de r_t correspondant à une valeur du paramètre d'impact b, puisqu'à l'aide de la somme double et de l'application bijective on les détermine par une simple correspondance biunivoque.

Ceci présente un avantage certain, car il n'existe plus d'ambiguïté sur le choix des racines, comme avec une méthode plus traditionnelle, et les calculs et programmes d'informatique sont plus aisés.

b. PASSAGE EN COORDONNEES REDUITES POUR LES PRINCIPALES EQUATIONS ET RELATIONS UTILISEES EN INFORMATIQUE

a) Intégrales simples

Posons $x = \frac{r}{\sigma}$, $T^* = \frac{kT}{\varepsilon}$, $\varphi^* = \varphi/\varepsilon$ et $n^* = n\sigma^3$.

Le coefficient de viscosité cinétique pour un fluide est :

$$\mu = \frac{m}{\tau B} .$$

Le terme B est une intégrale de la forme :

$$B = - \frac{8\pi}{3kT} \int_0^\infty \left(\frac{d\varphi}{dr}\right)\left(\frac{dg}{dr}\right) r^2 dr$$

d'où
$$B = - \frac{8\pi\sigma}{3T^*} \int_0^\infty \frac{d\varphi^*}{dx} \frac{dg^*}{dx} x^2 dx$$

Une intégration par parties permet d'obtenir la fonction g^* :

$$B = - \frac{8\pi\sigma}{T^*}\left[\left[x^2 g^* \frac{d\varphi^*}{dx}\right]_0^\infty - \int_0^\infty g^* . x . \left(\frac{2d\varphi^*}{dx} + \frac{xd^2\varphi^*}{dx^2}\right) dx\right] .$$

La fonction de distribution radiale, pour un gaz dilué, est de la forme :

$$g^*(x) = e^{-\varphi^*/T^*}$$

Le coefficient de viscosité général fait apparaître deux termes, un premier cinétique, et un second interparticulaire.

Sa forme complète est :

$$\mu = \mu_c + \mu_i$$

$$= \frac{m}{\tau B} + \frac{\tau k T C}{2} n^2$$

C'est une intégrale qui ressemble à B :

$$C = - \frac{4\pi}{15kT} \int_o^\infty \frac{dg(r)}{dr} \cdot \frac{d\varphi(r)}{dr} r^4 dr.$$

Son expression en coordonnées réduites est :

$$C = - \frac{4\pi\sigma}{15T^*} \int_o^\infty \frac{dg^*}{dx} \times \frac{d\varphi^*}{dx} x^4 dx$$

On ne connait pas $\frac{dg^*}{dx}$ analytiquement, mais g^* par points.
L'intégration par parties permet d'obtenir :

$$C = - \frac{4\pi\sigma^3}{15T^*}\left[\left| x^4 \frac{d\varphi^*}{dx} . g^* \right|_o^\infty - \int_o^\infty g^* x^3 \left(\frac{4 d\varphi^*}{dx} + \frac{x d^2\varphi^*}{dx^2} \right) dx \right]$$

Ces deux intégrales sont calculées par la méthode des polynômes orthogonaux (Gauss-Legendre). Elles ne présentent pas de difficultés.

c.1.EQUATION INTEGRALE DE PERCUS-YEVICK

L'expression de l'équation intégrale mise au point par Percus et Yevick* en 1957 est de la forme :

$$\tau(r) = 1 + \frac{2\pi n}{r} \int_o^\infty \tau(x_1)(e^{-\varphi(x_1)/kT} - 1) x_1 dx_1 \int_{|r-x_1|}^{|r+x_1|} (e^{-\varphi(x_2)/kT} \tau(x_2) - 1) x_2 dx_2$$

En passant de variables réelles à variables réduites, on obtient :

$$\tau(x) = 1 + \frac{2\pi n \sigma^3}{x} \int_o^\infty \tau(x_1)(e^{-\varphi(x_1)/kT})1) x_1 dx_1$$

$$\int_{|x-x_1|}^{|x+x_1|} (e^{-\varphi(x_2)/kT} \tau(x_2) - 1) x_2 dx_2$$

*Ref. Physical Review, vol.11, n°1, 1958.

ou encore :

$$\tau^*(x) = 1 + \frac{2\pi n^*}{x} \int_0^\infty \tau^*(x_1)(e^{-\varphi^*(x_1)/T^*} - 1)x_1 dx_1$$

$$\times \int_{|x-x_1|}^{|x+x_1|} (\tau^*(x_2)e^{-\varphi^*(x_2)/T^*} - 1)x_2 dx_2.$$

avec $g^*(x) = \tau^*(x)\exp[-\varphi^*(x)/T^*]$.

c.2. RESOLUTION NUMERIQUE DE L'EQUATION P.Y. AVEC UN POTENTIEL REALISTE * **

Pour accéder à cette solution, l'idée est de trouver un espace de fonction $\gamma^i(a,b,c\ldots)$, $\{\gamma^i(a,b,c\ldots)\}$ (a,b,c sont des paramètres de l'équation transformés en variables) qui assure la convergence dans une méthode itérative du type "Picard".

Si $\sigma_o(r)$ est une solution particulière de l'équation :

$$\sigma_1(r) = 1 + n \int (e^{-\beta\varphi(s)} - 1)(e^{-\beta\varphi(|\vec{r}-\vec{s}|)} - 1)ds$$

$$\sigma_2(r) = 1 + n\int (e^{-\beta\varphi(s)} - 1)\sigma_1(s)(e^{-\beta\varphi(|\vec{r}-\vec{s}|)}\sigma_1(|\vec{r}-\vec{s}|) - 1)ds$$

$$\vdots$$

$$\sigma_n(r) = 1 + n\int (e^{-\beta\varphi(s)} - 1)\sigma_{n-1}(s)(e^{-\beta\varphi(|\vec{r}-\vec{s}|)}\sigma_{n-1}(|\vec{r}-\vec{s}|) - 1)ds$$

Si on utilise la condition $\sum_{j=1}^{M} \gamma_j^i(a,b,c\ldots) = \beta_o$ en première considération pour cette équation

soit $\beta_o \leq 1$, et $\gamma_j^i(a,b\ldots) \neq 0$

Pour j = 2 nous écrivons :

$$\sigma_{n+2}(r) = \sigma_n(r)\gamma_1^i(a,b,c\ldots) + \sigma_{n+1}(r)\gamma_r^i(a,b,c\ldots)$$

---

* Mémoire d'Ingénieur CNAM, Eric Ternon

** Thèse d'Etat Orsay, Levesque, 1966
Levesque, Physica 32, 1965. Etude des équations de P.Y. et HNC et de Born et Green dans le cas des fluides classiques.

$j = 3$

$$\sigma_{n+3}(r) = \sigma_n(r)\gamma_1^i(a,b,c...) + \sigma_{n+1}(r)\gamma_2^i(a,b,c...) + \sigma_{n+2}(r).\gamma_3^i(a,b,c...)$$

etc...

Après n itérations, et dans le but d'accélérer la convergence nous avons la possibilité de changer la fonction $\gamma_j^i(a,b,c...)$ si nous utilisons le test :

$$\Delta_n = 1 - \frac{\sigma_n(r_k)}{\sigma_{n+1}(r_k)}$$

Si la valeur de Δ_n est négative, nous calculons une nouvelle fonction $\gamma_j^{i+1}(a,b,c...)$ avec une loi empirique :

$$\gamma_{j=M}^{i+1}(a,b,c...) = (\gamma_{j=M}^i)^2(a,b,c...)$$

Maintenant, si la nouvelle valeur de Δ_{n+1} est positive ou négative, on peut obtenir $\gamma_j^{i+2}(a,b,c...)$ par interpolation ; pour j = 2

$$\gamma_j^{i+2}(a,b,c...) = \gamma_j^i(a,b,c...) - \frac{\Delta_i(\gamma_j^{i+1}(a,b,c...) - \gamma_j^i(a,b,c...))}{\Delta_{i+1} - \Delta_i}$$

Les variables dans ce cas sont $a = n^*$, $b = T^*$, variables réduites de la densité de particules et de la température. Le maximum de $\gamma_{j=M}^i(a,b,c...)$ est pris au début de l'itération.

Détermination du coefficient de compressibilité

Etant donné le caractère peu physique de la limitation au premier ordre du développement fonctionnelle pour l'obtention de l'équation P.Y., nous avons contrôlé son efficacité en calculant le coefficient de compressibilité. Celui-ci fait intervenir la fonction de corrélation double (tableau 1).

Si $p^* = \frac{p\sigma^3}{\varepsilon}$

$$y = \frac{p}{nkT} = 1 - \frac{2\pi n\sigma^3}{3kT}\int_0^\infty g(x).\frac{d\varphi(x)}{dx}.x^3 dx.$$

On obtient :

COEFFICIENTS DE COMPRESSIBILITE

Potentiel interparticulaire = Lennard-Jones = σ = 3.405 Å

ε = 1.653 10^{-21} joule

P bars / T K		10	100	300	500
200	y_{th}	0.97064	0.7006		
	y_{exp}	0.97133	0.7121	0.8360	1.174
	$\Delta y/y$	7.10^{-4}	$1.6\ 10^{-2}$		
300	y_{th}	0.99381	0.9522	1.015	1.1832
	y_{exp}	0.99415	0.9552	0.995	1.1556
	$\Delta y/y$	3.10^{-4}	3.10^{-3}	2.10^{-2}	$2.4\ 10^{-2}$
400	y_{th}	0.99972	1.0045	1.06522	1. 1809
	y_{exp}	0.99992	1.0056	1.06563	1.1742
	$\Delta y/y$	2.10^{-4}	10^{-3}	4.10^{-4}	6.10^{-3}
500 K	y_{th}	1.0014	1.0167	1.08765	1.180
	y_{exp}	1.0026	1. 0250	1.08746	1.176
	$\Delta y/y$	1.10^{-3}	8.10^{-3}	$1.7\ 10^{-4}$	4.10^{-3}

Tableau: 1.

$$y = 1 - \frac{2\pi n^*}{3T^*} \int_0^\infty g^*(x) \frac{d\varphi^*(x)}{dx} x^3 dx.$$

Le calcul de cette intégrale ne présente pas de difficultés, mais $g^*(x_i)$ est déterminé par interpolation quadratique à partir des points obtenus dans le système itératif pour l'obtention de la fonction $g^*(x)$ par points. Cette opération diminue quelque peu la précision du calcul, mais cet écart n'est pas significatif.

ANNEXE 2 : MOMENTS DE LA FONCTION DE DISTRIBUTION SIMPLE f_1

Si dans un état quelconque du gaz, on connaît la fonction de distribution f, il est possible par intégration de l'équation d'évolution de décrire l'état macroscopique, c'est-à-dire de déterminer la densité, la pression, la température et le coefficient de viscosité qui nous intéressent. La fonction f fournit une description très détaillée de l'état du fluide. On décrit cet état en général en n'utilisant que les valeurs moyennes prises sur f.

Ainsi, on définit la densité :

$$n = \int f_1 dw \qquad (A.1)$$

la vitesse moyenne du fluide :

$$\bar{v} = \frac{1}{n} \int w f_1 dw \qquad (A.2)$$

Le tenseur de pression cinétique ou flux d'impulsion :

$$p_{k\ell} = \int m V_k V_\ell f_1 \underline{dw} \qquad (A.3)$$

La contraction sur le tenseur $p_{k\ell}$ permet de définir la pression scalaire

$$p_o = nkT = \frac{p_{\ell\ell}}{3} = \int \frac{m}{3} V^2 f_1 \underline{dw} \qquad (A.4)$$

La pression cinétique $p_{k\ell}$ ne doit pas se confondre avec la notion de pression sur une surface, mais c'est une densité d'énergie, c'est la mesure de l'agitation thermique du fluide. $p_{k\ell}$ serait nulle, si toutes les particules avaient une même vitesse, donc un écart nul. Le caractère tensoriel décrit les anisotropies du milieu. L'expression de la première équation cinétique est de la forme :

$$\frac{\partial f_1}{\partial t} + \vec{w}_1 \cdot \frac{\partial f_1}{\partial \vec{x}_1} + \frac{\vec{X}_1}{m} \cdot \frac{\partial f_1}{\partial \vec{w}_1} = \left(\frac{\partial f_1}{\partial t}\right)_{int} \qquad (A.5)$$

En multipliant cette équation respectivement par dw et en intégrant on obtient une équation qui traduit la conservation du nombre de particules :

$$\frac{\partial n}{\partial t} + \frac{\partial}{\partial \vec{x}_1}.(n\vec{v}) = \int \left(\frac{\partial f}{\partial t}\right)_{int} dw \tag{A.6}$$

De même, pour obtenir les équations de transport de l'impulsion et de la pression cinétique, on multiplie par $mw_k \underline{dw}$ et puis par $mV_k V_\ell \underline{dw}$ et on intègre :

$$nm\left[\frac{\partial}{\partial t} + \vec{v}.\frac{\partial}{\partial \vec{x}}\right]\vec{v} - n\vec{X} + \frac{\partial}{\partial \vec{x}}.\vec{p} = \int \left(\frac{\partial f}{\partial t}\right)_{int} mw\underline{dw} \tag{A.7}$$

et

$$\frac{\partial p_{k\ell}}{\partial t} + \frac{\partial}{\partial \vec{x}}\left[p_{k\ell i} + \vec{v}.p_{k\ell}\right] + p_k \frac{\partial v_\ell}{\partial x} + p_\ell \frac{\partial v_k}{\partial x}$$
$$= \int X_{k,12} V_{\ell,1} f_{12} \underline{dx}_2 \underline{dw}_1 \underline{dw}_2 + \int X_{\ell,12} V_{k,1} f_{12} \underline{dx}_2 \underline{dw}_1 \underline{dw}_2 \tag{A.8}$$

avec

$$\int mV_{k,1} V_{\ell,1} \hat{S}_1 f_1 \underline{dw}_1 = \int X_{k,12} V_{\ell,1} f_{12} \underline{dx}_2 \underline{dw}_1 \underline{dw}_2$$
$$+ \int X_{\ell,12} V_{k,1} f_{12} \underline{dx}_2 \underline{dw}_1 \underline{dw}_2 \ . \tag{A.9}$$

ANNEXE 3 : THEOREME H

Il est important de déterminer un temps de relaxation linéaire pour définir une relation qui permette de briser le caractère réversible du système d'équations B.B.G.K.Y. à l'aide d'un postulat d'irréversibilité pour obtenir une équation compatible avec le second principe de la thermodynamique.

Deux postulats ont donc retenu particulièrement l'attention, celui du chaos moléculaire et celui de la relaxation linéaire.

Le second formulé par Frey-Salmon modifié Hoffmann ne correspond pas exactement à la réalité, et de ce fait n'est valable que pour les gaz dilués, car il ne considère que la partie répulsive pour le calcul de τ, alors qu'il s'agit d'une zone bien définie de la partie attractive ; ce second postulat posait donc encore des problèmes quant à la recherche de la zone qui, dans une collision entre deux particules pouvait traduire l'irréversibilité du processus.

* *

L'utilisation du théorème H dans les deux théories permet de montrer l'accroissement de l'entropie. Mais cette démonstration reste particulièrement délicate, dans la seconde théorie.

- Théorème H appliqué à Boltzmann

Chaque rencontre est caractérisée par la vitesse relative de deux molécules et par le paramètre d'impact qui est la distance minimum à laquelle parviendraient les deux centres moléculaires si aucune force ne s'exerçait entre les molécules intéressées.

L'hypothèse du chaos moléculaire permet le calcul statistique des effets des rencontres : il consiste donc à admettre qu'il n'existe pas de corrélation entre deux molécules qui vont se rencontrer, dans le moment qui précède la rencontre.

Cependant, cette hypothèse du chaos a un aspect assez peu satisfaisant, car cette hypothèse est requise à chaque instant ; elle permet de montrer que la transformation physique constitue une évolution irréversible liée à une augmentation d'entropie, et cette augmentation donne son sens à l'écoulement du temps. Mais, si le principe de Carnot définit sans ambiguïté le sens de la variation d'entropie en fonction du temps par la fonction H, il reste muet en ce qui concerne la vitesse de variation. Ainsi prenant en compte l'hypothèse du chaos moléculaire, au chapitre I on a obtenu l'équation de Boltzmann :

$$\frac{\partial f_1}{\partial t} + \vec{w}_1 \frac{\partial f_1}{\partial \vec{w}_1} + \frac{\vec{X}_1}{m} \frac{\partial f_1}{\partial \vec{w}_1} = \int [f_1' f_2' - f_1 f_2] \, |\vec{w}_2 - \vec{w}_1| \, b \, db \, d\varepsilon \, d\vec{w}_2 . \quad (A.1)$$

toutes les densités f_1, f_2, f_1', f_2' sont prises au même point x_1 et au même instant t.

De l'équation de Boltzmann on déduit que l'entropie

$$S = k \int f_1 (1 - \log \Gamma f_1) d\Omega_1 \quad (A.2)$$

croît au cours du temps. Mais il suffit de montrer que la quantité

$$H = \int f_1 \log f_1 d\Omega_1 \quad (A.3)$$

est décroissante, car $\int f_1 d\Omega_1$ est invariable, propriété générale que l'équation de Boltzmann respecte.

On peut déduire de l'équation de Boltzmann la dérivée de cette quantité :

$$\frac{dH}{dt} = \int \log f_1 (f_1 f_2 - f_1' f_2') |\vec{w}_2 - \vec{w}_1| \, b \, db \, d\varepsilon \, d\vec{w}_1 d\vec{w}_2 d\vec{x}_1 . \quad (A.4)$$

On ne change rien en permutant les vitesses $\vec{w}_1$, et $\vec{w}_2$ et l'on fait apparaître un facteur $\frac{1}{2}$ devant la précédente intégrale :

$$\frac{dH}{dt} = \frac{1}{2} \int \log f_1 f_2 (f_1' f_2' - f_1 f_2) |\vec{w}_2 - \vec{w}_1| \, b \, db \, d\varepsilon \, d\vec{w}_1 d\vec{w}_2 d\vec{x}_1 \quad (A.5)$$

En vertu de la mécanique du mouvement relatif, on dispose des relations suivantes :

$$b = b' \quad d\varphi = d\varphi' \quad \text{et} \quad |\vec{w}_2'-\vec{w}_1'| = |\vec{w}_2-\vec{w}_1|$$

et le théorème de Liouville ajoute $dw_1 dw_2 = dw_1' dw_2'$ d'où :

$$\frac{dH}{dt} = \frac{1}{4}\int \log \frac{f_1 f_2}{f_1' f_2'}(f_1' f_2' - f_1 f_2)|\vec{w}_2-\vec{w}_1|\, b\, db\, d\varepsilon\, d\vec{x}_1 d\vec{w}_1 d\vec{w}_2 \quad (A.6)$$

la quantité

$$(f_1' f_2' - f_1 f_2)\log(f_1 f_2/f_1' f_2') \quad (A.7)$$

ne peut être que négative ou nulle. Ainsi le terme entropique S ne peut que croître ou rester stationnaire.

- Théorème H appliqué à F.S.

Dans l'hypothèse de Boltzmann, les phénomènes d'interaction sont des collisions binaires et brutales, c'est-à-dire seule la partie violemment répulsive du potentiel intervient et entre les deux collisions les particules ne sont soumises à aucune force et suivent une trajectoire rectiligne. Il n'existe donc pas de corrélations avant la collision.

M.Yvon en déduit donc qu'il n'existe des corrélations que pendant la rencontre et après la rencontre. Si l'hypothèse est valable pour des gaz dilués, elle ne peut en aucun cas servir d'appui pour une théorie de gaz denses.

Certes le modèle de sphères rigides présente des avantages en pensant que les collisions sont instantanées et que les multiples peuvent être négligés, mais il ne reflète pas exactement la réalité.

Dans l'équation F.S., on part de l'idée que la dissipation qui précède le choc violent des particules, s'effectue principalement dans la zone où la force interparticulaire attractive passe par un maximum et décroît jusqu'à devenir nulle (chapitre I).

On considère que dans cette zone, la dissipation est maximale et par conséquent qu'il faut montrer que l'entropie est croissante et particulièrement importante dans cette zone (figure 9, T(r)).

J.Frey* a montré que l'entropie était croissante pour le milieu (donc pour la collision complète). Il considère un fluide ho-

*Thèse d'Etat, J.Frey, Orsay.

mogène au repos et à température cinétique uniforme mais dont la fonction de distribution n'est pas maxwellienne. Le fluide évolue vers l'état maxwellien et cette évolution se fait avec une entropie croissante. Reprenant l'expression de l'équation simplifiée F.S. (I.30), la quantité $\frac{\tau nkTB}{2m}$ est considérée comme une fonction de la température donc toujours positive. Posons :

$$a^2 = \frac{\tau nkTB}{2m}$$

L'expression (I.30) devient, pour calculer l'accroissement d'entropie :

$$\frac{\partial f}{\partial t} - a^2\left[\frac{\partial}{\partial w_i}(fw_i + \frac{kT}{m}\frac{\partial f}{\partial w_i})\right] = 0 \qquad (A.8)$$

Comme précédemment la fonction H est définie par la relation :

$$H = \int f \log f dw$$

En multipliant (A.8) par log f et en intégrant sur l'espace des vitesses, il vient :

$$\int \frac{\partial f}{\partial t}\log f dw = \frac{d}{dt}\int f \log f dw - \frac{d}{dt}\int f dw \qquad (A.9)$$

$$= \frac{dH}{dt} - \frac{dn}{dt} = \frac{dH}{dt}$$

La densité étant uniforme :

$$\int \log f \frac{\partial}{\partial w_i}(fw_i + \frac{kT}{m}\frac{\partial f}{w_i})dw = -\int \frac{1}{f}(fw_i + \frac{kT}{m}\frac{\partial f}{\partial w_i})\frac{\partial f}{\partial w_i} dw \qquad (A.10)$$

d'où la relation :

$$\frac{dH}{dt} = -a^2\int \frac{1}{f}(fw_i + \frac{kT}{m}\frac{\partial f}{\partial w_i})\frac{f}{w_i} dw. \qquad (A.11)$$

Si l'on pose :

$$f_1 = \exp\left[-\frac{mw^2}{2kT}\right]h(\vec{w})$$

il vient :

$$\frac{dH}{dt} = -a^2 \int \frac{kT}{mh}\left[\sum_i \frac{\partial h}{\partial w_i}^2\right]\exp\left[-\frac{mw^2}{2kT}\right]dw$$

$$+ a^2 \int w_i\left(\frac{\partial h}{\partial w_i}\right)\exp\left[-\frac{mw^2}{2kT}\right]dw. \qquad (A.12)$$

La seconde intégrale intégrée par parties est nulle et

$$\frac{dH}{dt} = -a^2 \int \frac{kT}{mh}\left[\sum_i \left(\frac{\partial h}{\partial w_i}\right)^2\right]\exp\left[-\frac{mw^2}{2kT}\right]dw. \qquad (A.13)$$

Comme la fonction g ne peut être négative et que l'intégrale est positive ou nulle le critère $\frac{dH}{dt} \leq 0$ est vérifié et l'entropie augmente durant le temps τ de collision. Et l'entropie ainsi définie revêt un caractère statistique.

Mais le critère du théorème H est avant tout qualitatif, c'est-à-dire que l'on montre que $\frac{dH}{dt} \leq 0$ mais on ne peut quantifier cette expression.

Par conséquent, il est difficile de montrer que la dissipation maximale s'effectue dans la "première zone de freinage" de la particule. Car pour cela, il sera nécessaire de décomposer la collision et donc de s'intéresser à la particule relative. C'est-à-dire que l'on doit s'occuper uniquement de l'entropie d'un volume partiel dont l'expression a par définition l'expression suivante* :

$$S_{V\ \text{partiel}} = k\int_V f_1(1-\log \Gamma f_1)d\Omega_1$$

$$+ \frac{k}{2}\iint_V (-f_{12}\log g_{12} + f_1 f_2(g_{12}-1))d\Omega_1 d\Omega_2 \qquad (A.14)$$

Cette expression qui permet d'obtenir une appréciation partielle du théorème H ne décrit que le caractère qualitatif de l'entropie et ne permet pas d'en extraire la vitesse de variation.

La détermination de $S_{V\ \text{partiel}}$ conduit à des calculs particulièrement délicats. Le calcul de la viscosité des gaz denses peut contribuer à porter une justification de cette hypothèse d'irréversibilité introduite par le freinage de la particule.

---

*Yvon, les corrélations et l'entropie.

ANNEXE 4 : VALEURS EXPERIMENTALES

La nécessité de comparer les résultats théoriques aux résultats expérimentaux a demandé une sélection de ces derniers.

A ce niveau, un important travail a été réalisé au National Bureau of Standards de Boulder aux Etats-Unis par Hanley, Mc Carty et Haynes*. Ils ont évalué le coefficient de viscosité mesuré, et établi des équations représentant des valeurs expérimentales sélectionnées.

La méthode pratique de corrélations des données expérimentales a été basée sur le concept de viscosité résiduelle. C'est-à-dire que l'on peut écrire le coefficient de viscosité expérimental μ en fonction de ρ la densité et T la température sous la forme :

$$\mu(\rho,T) = \mu_o(T) + \Delta\mu(\rho,T) + \mu_1(T)\rho.$$

$\mu_o(T)$ étant la viscosité à pression atmosphérique.
Le trend de $\mu_o(T)$ s'écrit :

$$\mu_o(T) = \sum_{i=1}^{10} A_i T^{(i-3)}$$

où les A_i sont déterminés par une méthode des moindres carrés. Les écarts maximum sont de l'ordre du 1 %. Les valeurs de A_i sont les suivantes :

$$A_1 = -8.8024177686.10^{1}$$
$$A_2 = 4.3319616024$$
$$A_3 = -7.2077044082.10^{-2}$$
$$A_4 = 1.3654183603.10^{-3}$$
$$A_5 = -1.9171951451.10^{-6}$$
$$A_6 = 2.3694271369.10^{-9}$$
$$A_7 = -1.9077838119.10^{-12}$$
$$A_8 = 9.3733397466.10^{-16}$$
$$A_9 = -2.5414017421.10^{-19}$$
$$A_{10} = 2.9054209336.10^{-23}$$

*J.Phys.Chem. Ref. Data, Vol.3, N°4, 1974.

L'estimation de $\mu_1(\rho,T)$ est obtenue en lissant les valeurs du coefficient de viscosité dans le domaine de densité

$$0,2\ \rho_c < \rho < 0,7\ \rho_c$$

par une forme fonctionnelle suggérée par le comportement des corrections au premier ordre en densité :

$$\mu_1(T) = A + B(C - \ln T^*)^2 .$$

où

$$\begin{aligned} \rho &= 0.537 \\ A &= 1.465365 \\ B &= -0.774874 \\ C &= 1.4 \\ \varepsilon/k &= 152.8 \end{aligned}$$

La forme fonctionnelle utilisée pour $\Delta\mu(\rho,T)$ exclut les régions critiques, elle s'écrit :

$$\Delta\mu(\rho,T) = E\ e^{\{j_1 + \frac{j_4}{T}\}} \times$$

$$\left[e^{\{\rho^{0.1}(j_2 + \frac{j_3}{T^{3/2}}) + \theta\rho^{0.5}(j_5 + \frac{j_6}{T} + \frac{j_7}{T^2})\}} - 1 \right]$$

θ est un facteur dépendant de la densité

$$\theta = (\rho - \rho_c)/\rho_c .$$

Les facteurs j_i sont différents pour chaque fluide. Pour l'argon :

$$\begin{aligned} j_1 &= -10.01099 \\ j_2 &= 16.02914 \\ j_3 &= -5.699590.10^2 \\ j_4 &= 40.13607 \\ j_5 &= 0.2069469 \\ j_6 &= 39.87012 \\ j_7 &= 1.171746.10^3 \\ E &= 1\ \mu g cm^{-1} s^{-1} \end{aligned}$$

Le coefficient de viscosité s'exprime en $\mu g cm^{-1} s^{-1}$, la densité en g/cm^3 et la température en K.

Il était ainsi facile de réaliser un sous-programme capable de donner le coefficient de viscosité dans un large domaine de densités et températures. Les erreurs maximum sur $\Delta\mu(\rho,T)$ sont de l'ordre de 5 %, à condition de ne pas dépasser une densité supérieure à 1,3 gcm^{-2}. Au-dessus les erreurs peuvent être de 10 %, avec des températures supérieures à 250 K.

Contrôle et comparaison de ces polynômes avec d'autres expériences

Pour vérifier l'exactitude des polynômes mis en machine la comparaison avec des valeurs expérimentales utilisées pour le "trend" a été effectuée, pour l'argon liquide saturé :

T(K)	densité gcm^{-3}	μ polynômes	μ de l'expérience	Δμ/μ
85	1.40750	$0.2784.10^{-3}$	$0.2778.10^{-3}$	- 2 %
90	1.37450	$0.2384.10^{-3}$	$0.2412.10^{-3}$	1 %
95	1.34180	$0.2071.10^{-3}$	$0.2084.10^{-3}$	6 ‰
120	1.16000	$0.1117.10^{-3}$	$0.1109.10^{-3}$	-7 ‰
140	0.94080	$0.6407.10^{-4}$	$0.663\ .10^{-4}$	3 %
150	0.68090	$0.3660.10^{-4}$	$0.384\ .10^{-4}$	4 %

Une comparaison avec une expérience de septembre 1973* du Laboratoire de Hautes Pressions de Villetaneuse a permis de voir les écarts de ces polynômes par rapport à l'expérience.

T		Pression (Bars)		μ expérience (0,5 %)	
308.16	0.9020	883	$0.6832.10^{-4}$	$0.6758.10^{-4}$	- 1 %
	1.071	1403	$0.9082.10^{-4}$	$0.9217.10^{-4}$	2 %
	1.276	2500	$0.1308.10^{-3}$	$0.1434.10^{-3}$	9 %
	1.450	4100	$0.1807.10^{-3}$	$0.2183.10^{-3}$	17 %
	1.526	5055	$0.2087.10^{-3}$	$0.2638.10^{-3}$	20 %
	1.592	6060	$0.2368.10^{-3}$	$0.3137.10^{-3}$	24 %

*C.R.Acad.Sc. Paris t.277 (3 septembre 1973).

ANNEXE 5 : FONCTIONS DE CORRELATION DEPENDANT DU TEMPS ET TERME B INTEGRALE ISSU DE L'EQUATION GENERALE F.S.

Rappels* : Fonction d'autocorrélation d'une variable stationnaire.

Soit une variable aléatoire X dont la valeur x(t) fluctue en fonction du temps.

Outre sa moyenne temporelle :

$$E(x) = \lim_{T\to\infty} \frac{1}{2T} \int_{-T}^{+T} x(t)dt \qquad (A.1)$$

et sa variance $\sigma_X^2 = E(x^2) - (E(x))^2$, nous pouvons caractériser les fluctuations de x(t) par sa fonction d'autocorrélation :

$$\begin{aligned} C_{xx}(t,t+\tau) &= E\left[x(t).x(t+\tau)\right] \\ &\simeq \langle x(t).x(t+\tau)\rangle = \frac{1}{N}\sum_i^N x_i(t).x_i(t+\tau) \qquad (A.2) \end{aligned}$$

Si x(t) est une variable stationnaire, $C_{xx}(t,t+\tau)$ ne dépend que de τ et pas de t. On voit d'autre part que $C_{xx}(\tau)$ est une fonction déterministe de τ. En particulier :

$$C_{xx}(0) = E\left[x(t).x(t)\right] = E(x^2). \qquad (A.3)$$

Par contre, si τ est très grand, x(t) et x(t+τ) sont des valeurs indépendantes, par conséquent :

$$\begin{aligned} C_{xx}(\tau) &= E\left[x(t).x(t+\tau)\right] = E\left[x(t)\right].E\left[x(t+\tau)\right] \\ &= \left[E(x)\right]^2 \end{aligned}$$

$$C_{xx}(0) - C_{xx}(\infty) = E(x^2) - \left[E(x)\right]^2 = \sigma_{x^2} \qquad (A.4)$$

La fonction d'autocorrélation est une fonction paire de τ. En effet :

$$\begin{aligned} C_{xx}(-\tau) &= E\left[x(t).x(t-\tau)\right] = E\left[x(t-\tau).x(t)\right] \\ &= E\left[x(u).x(u+\tau)\right] = C_{xx}(\tau) \qquad (A.5) \end{aligned}$$

*Signal et Bruit. Bouchareine Cycle C du C.N.A.M

La fonction d'autocorrélation peut aussi s'exprimer par une intégrale temporelle :

$$C_{xx}(\tau) = \lim_{T\to\infty} \frac{1}{2T} \int_{-T}^{+T} x(t).x(t+\tau)dt$$

$$= \lim_{T\to\infty} \frac{1}{2T} \int_{-T}^{T} x(t-\tau).x(t)dt \qquad (A.6)$$

On verra plus loin la très importante signification de la transformée de Fourier de la fonction d'autocorrélation qui est la représentation spectrale (en fonction de la fréquence de la puissance d'un signal). Une propriété fondamentale de la transformée de Fourier d'une fonction d'autocorrélation de fonction réelle est de n'être jamais négative.

Fonction d'autocorrélation des vitesses dans un fluide dense

En général, on a pris l'habitude de normaliser la fonction d'autocorrélation des vitesses. Elle s'écrit ainsi :

$$C_{v.v}(\tau) = \frac{\langle v_{1,x}(0).v_{1,x}(t)\rangle}{\langle v_{1,x}(0)^2\rangle} \qquad (A.7)$$

L'hypothèse la plus naïve est de considérer que le comportement de la fonction d'autocorrélation des vitesses d'une particule dans un fluide est une relaxation exponentielle :

$$C_{v.v}(\tau) = e^{-\nu_{relax} t} . \qquad (A.8)$$

où $\nu_{relax.}$ est une fréquence de relaxation.

On peut calculer la transformée de Fourier de la fonction d'autocorrélation $C_{v.v}(t)$

$$\mathcal{C}_{v.v}(\omega) = \int_{-\infty}^{+\infty} dt\ e^{i\omega t} C_{v.v}(t)$$

On peut ainsi calculer la fréquence quadratique moyenne :

$$\langle\omega^{2n}\rangle = \frac{\int_{-\infty}^{+\infty} d\omega\, \omega^{2n} \mathcal{C}_{v.v}(\omega)}{\int_{-\infty}^{+\infty} d\omega\, \mathcal{C}_{v.v}(\omega)} \qquad (A.9)$$

A partir des propriétés élémentaires des transformées de Fourier basées sur la correspondance $\frac{d}{dt} \rightleftarrows -i\omega$, $\langle\omega^{2n}\rangle$ s'écrit :

$$\langle\omega^{2n}\rangle = \left(- \frac{d^2}{dt^2}\right)^n C_{v,v}(t)\Big|_{t=0} \qquad (A.10)$$

ainsi le second moment est égal à l'intégrale suivante, qui englobe la fonction de corrélation à l'équilibre :

$$\langle\omega^2\rangle = \frac{4\pi n}{3m} \int_0^{\infty} r^2 g(r) \left[\frac{d^2\varphi}{dr^2} + \frac{2}{r}\frac{d\varphi}{dr}\right] dr \qquad (A.11)$$

On obtient ainsi à un facteur près le terme B.

$$B = \frac{8\pi}{3kT} \int_0^{\infty} g(r) \,.\, r^2 \left[\frac{2d\varphi}{rdr} + \frac{xd^2\varphi}{dr^2}\right] dr \,. \qquad (A.12)$$

d'où $\quad B = \langle\omega^2\rangle . \frac{2m}{nkT}$

On peut introduire la relation (A.11) en posant :

$$\langle\omega^2\rangle = \frac{d^2 C_{v.v}(t)}{dt^2}\Big|_{t=0} = \frac{m}{kT}\langle\ddot{v}_{1,x}(0) . v_{1,x}(0)\rangle$$

$$= \frac{m}{kT}\langle\dot{v}_{1,x}(0)^2\rangle \,.$$

En appliquant la loi de Newton :

$$\langle\omega^2\rangle = \frac{1}{mkT}\left\langle\left(\sum_{i=2}^{N} \frac{\partial\varphi(r_{1i})}{\partial r_{1i,x}}\right)^2\right\rangle$$

on retrouve le résultat précédent qui est ni plus ni moins le terme $\langle\omega^2\rangle = \frac{nkT}{2m}B$ en facteur dans l'équation F.S. simplifiée. Dans la théorie de Rice-Alnatt, il est introduit un coefficient de friction qui remplace $\tau.\langle\omega^2\rangle$ et qui pose les mêmes problèmes quant à sa détermination.

ANNEXE 6

Les fortes variations de la fonction de corrélation double demandent la connaissance de

la limite $\frac{d\psi(x,t)}{dt} = \frac{d}{dt}\int_o^\infty g(x')G(x-x',t)dx'$.
quand $t \to 0$

sachant que $\psi(x,0) = g(x)$, $G(x,0) = \delta(x)$ et

$G(x,t) = 0$

x out $\to \infty$.

La forme la plus simple de la gaussienne $G(x,t)$ s'écrit :

$$G(x,t) = \pi^{-3/2} v_o^{-3} |t|^{-3} \exp[-x^2/(v_o t)^2]$$

Posons :

$$K = \pi^{-3/2} v_o^{-3} \quad \text{et} \quad L^2 = v_o^2$$

$$G(x,t) = Kt^{-3} \exp(-x^2/L^2t^2)$$

La dérivée par rapport au temps s'écrit :

$$= -\frac{3K}{t^4} \exp - \frac{x^2}{L^2t^2} + \frac{K}{t^3} \exp(-x^2/L^2t^2).\frac{2x^2}{L^2t^3}$$

$$= K \exp - \frac{x^2}{L^2t^2}\left(-\frac{3}{t^4} + \frac{2x^2}{L^2t^6}\right)$$

$$\text{et} \lim_{t\to 0} \frac{dG(x,t)}{dt} = 0$$

Dans ce cas si $t \to 0$ $\frac{dG}{dt}(x,t) \to 0$.

La limite du produit de convolution peut être définie à partir des conditions précédentes, ainsi :

$$\lim_{t\to 0} \int_o^\infty g(r') \frac{K}{t^3} \exp\left(-\frac{(r-r')^2}{L^2t^2}\right).\left(-\frac{3}{t} + \frac{2(r-r')^2}{L^2t^5}\right)dr'$$

A la limite, c'est le produit de deux fonctions

$$\delta(x) \otimes f(t)$$

Le produit tend vers l'infini ainsi $g(x) \times f(t)$ tend vers l'infini.

BIBLIOGRAPHIE

VALEURS EXPERIMENTALES DU COEFFICIENT DE VISCOSITE DES GAZ MODEREMENT DENSES ET DENSES

Argon

HANLEY, CARTY, J.Phys.Chem. Ref. data, vol.3, n°4, 1974
FLYNN, J. of Chem.Phys., vol.38 n° 1, 154, 1963
KESTIN, Physica 54, p.1, 1971
HAYNES, Physica 67, 440, 1973
KESTIN, Physica 25, 1033, 1959
MICHELS, Physica 20, 1141, 1954
GRACKI, J. of Chem.Physics, vol.51, n° 9, 3856, 1969
VERMESSE, Physica 86A, 429, 1977
DE BOCK, Physica 37, 227, 1967
HELLEMANS, Physica 46, 395, 1970
COWAN, Journal canadien de physique, vol.51, n° 21, 2219, 1973
VERMESSE, C.R.Acad.Sc.Paris, t.277, Série B 191, 1973
HAYNES, Physica 67, 440, 1973

Xénon, Néon, Krypton

LEGROS, Physica 31, 703, 1965
STRUMPF, Jour.of Chemical Physics, vol.60, n° 8, 3109, 1974
VERMESSE, C.R.Acad.Sc.Paris, t.280, série B 749, 1975
VERMESSE, Physica 92A, 282, 1978
TRAPPENIERS, Physica 31, 945, 1965

VALEURS EXPERIMENTALES DU COEFFICIENT DE VISCOSITE A PRESSION ATMOSPHERIQUE

HANLEY, The viscosity and thermal conductivity coefficients of dilute argon, krypton and xenon. Journal of Physical and Chemical Data. Vol.2, n° 3, p.619, 1974

CLARKE, SMITH, Journal of Chemical Physics, vol.48, n° 9, p.3988, 1968
JOHNSTON, GRILLY, Phys.Chem. 46, 948, 1942
KESTIN, Journal of Chemical Physics, vol. 53, n° 10, 3773, 1970
GUEVARA, Physics of fluids, vol.12, n° 12, p.2493, 1969
DAWE, SMITH, Journal of Chemical Physics, vol. 52, n° 2, p.693, 1970
GOLDBLATT, Physics of Fluids, vol.14, n° 5, 1024, 1971
GOLDBLATT, Physics of Fluids, 13, 2873, 1970
KESTIN, Journal of Chemical Physics, vol.56, n° 8, 4119, 1972.

o o
o

www.ingramcontent.com/pod-product-compliance
Lightning Source LLC
Chambersburg PA
CBHW021055210326
41598CB00016B/1214